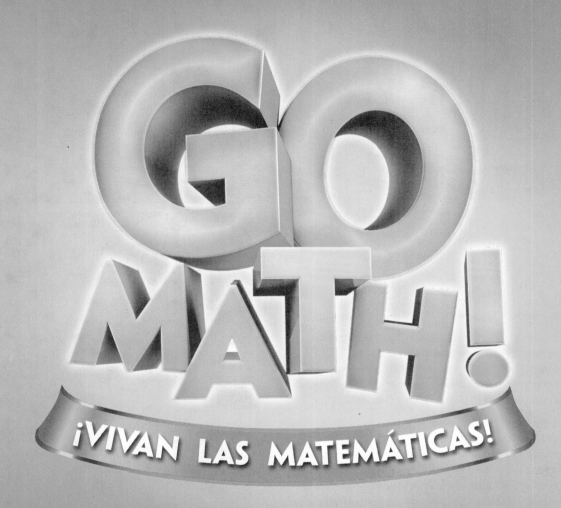

GO MATH!

¡VIVAN LAS MATEMÁTICAS!

Volumen 2

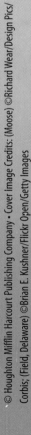

© Houghton Mifflin Harcourt Publishing Company • Cover Image Credits: (Moose) ©Richard Wear/Design Pics/ Corbis; (Field, Delaware) ©Brian E. Kushner/Flickr Open/Getty Images

Hecho en los Estados Unidos
Impreso en papel reciclado

Houghton
Mifflin
Harcourt

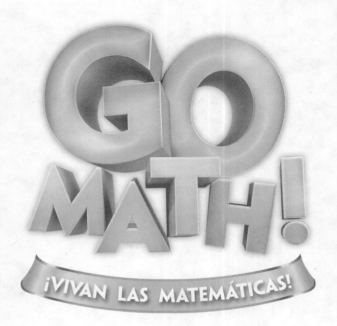

Printed in the U.S.A.

ISBN 978-1-328-99515-5

3 4 5 6 7 8 9 10 0877 24 23 22 21 20 19

4500746698   A B C D E F G

Estimados estudiantes y familiares:

Bienvenidos a **Go Math! ¡Vivan las matemáticas!** para 3.er grado. En este estimulante programa de matemáticas, encontrarán actividades prácticas y problemas de la vida diaria que tendrán que resolver. Y lo mejor de todo es que podrán escribir sus ideas y respuestas directamente en el libro. El hecho de que puedan escribir y dibujar en las páginas, les ayudará a percibir más detalladamente lo que están aprendiendo y las matemáticas serán fáciles de entender.

También deseamos compartir con ustedes algo muy importante: se ha usado papel reciclado en la impresión de este libro. Queremos que sepan que al participar en el programa **Go Math! ¡Vivan las matemáticas!** ustedes estarán ayudando a proteger el medio ambiente.

Atentamente,
Los autores

Hecho en los Estados Unidos
Impreso en papel reciclado

GO MATH!

¡VIVAN LAS MATEMÁTICAS!

Autores

Juli K. Dixon, Ph.D.
Professor, Mathematics Education
University of Central Florida
Orlando, Florida

Edward B. Burger, Ph.D.
President, Southwestern University
Georgetown, Texas

Steven J. Leinwand
Principal Research Analyst
American Institutes for
   Research (AIR)
Washington, D.C.

Colaboradora

Rena Petrello
Professor, Mathematics
Moorpark College
Moorpark, California

Matthew R. Larson, Ph.D.
K-12 Curriculum Specialist for
   Mathematics
Lincoln Public Schools
Lincoln, Nebraska

Martha E. Sandoval-Martinez
Math Instructor
El Camino College
Torrance, California

Consultores de English Language Learners

Elizabeth Jiménez
CEO, GEMAS Consulting
Professional Expert on English
   Learner Education
Bilingual Education and
   Dual Language
Pomona, California

Operaciones con números enteros

La gran idea Desarrollar una comprensión conceptual de operaciones y datos con números enteros. Usar estrategias para la suma y la resta hasta 1,000 y la multiplicación y división hasta 100.

La gran idea

APRENDE EN LÍNEA

¡Aprende en línea! Tus lecciones de matemáticas son interactivas. Usa *i*Tools, Modelos matemáticos animados y el Glosario multimedia.

Presentación del Capítulo 1

En este capítulo, vas a explorar y descubrir las respuestas a las siguientes **Preguntas esenciales:**

• ¿Cómo puedes sumar y restar números enteros y decidir si una respuesta es razonable?

• ¿Cómo sabes si una estimación estará cerca de una respuesta exacta?

• ¿Cuándo reagrupas para sumar o restar números enteros?

• ¿Cómo puedes decidir qué estrategia usar para sumar o restar?

Presentación del Capítulo 2

En este capítulo, vas a explorar y descubrir las respuestas a las siguientes **Preguntas esenciales:**

• ¿Cómo puedes representar e interpretar información?

• ¿Cuáles son algunas maneras de organizar los datos para que sean fáciles de usar?

• ¿Cómo te puede ayudar el análisis de datos en gráficas a resolver problemas?

Presentación del Capítulo 3

En este capítulo, vas a explorar y a descubrir las respuestas a las siguientes **Preguntas esenciales:**

• ¿Cómo puedes usar la multiplicación para averiguar cuántos hay en total?

• ¿Qué modelos te pueden ayudar a multiplicar?

• ¿Cómo te puede ayudar contar salteado a multiplicar?

• ¿Cómo te pueden ayudar las propiedades de la multiplicación a hallar los productos?

• ¿Qué clase de problemas se pueden resolver con la multiplicación?

Práctica y tarea

Repaso de la lección y Repaso en espiral en cada lección

Presentación del Capítulo 4

En este capítulo, vas a explorar y a descubrir las respuestas a las siguientes **Preguntas esenciales:**

• ¿Qué estrategias puedes usar para multiplicar?

• ¿Cómo se relacionan los patrones y la multiplicación?

• ¿Cómo te pueden ayudar las propiedades de la multiplicación a hallar los productos?

• ¿Qué clase de problemas se pueden resolver con la multiplicación?

Presentación del Capítulo 5

En este capítulo, vas a explorar y descubrir las respuestas a las siguientes **Preguntas esenciales:**

• ¿Cómo puedes usar las operaciones de multiplicación, el valor posicional y las propiedades para resolver problemas de multiplicación?

• ¿Cómo se relacionan los patrones y la multiplicación?

• ¿Cómo te pueden ayudar las propiedades de la multiplicación a hallar productos?

• ¿Qué clase de problemas se pueden resolver con la multiplicación?

Presentación del Capítulo 6

En este capítulo, explorarás y descubrirás las respuestas a las siguientes **Preguntas esenciales:**

• ¿Cómo puedes usar las operaciones de multiplicación, el valor posicional y las propiedades para resolver problemas de multiplicación?

• ¿Cómo se relacionan los patrones y la multiplicación?

• ¿Cómo te pueden ayudar las propiedades de la multiplicación a hallar productos?

• ¿Qué clase de problemas se pueden resolver con la multiplicación?

Presentación del Capítulo 7

En este capítulo, explorarás y descubrirás las respuestas a las siguientes **Preguntas esenciales:**

- ¿Qué estrategias puedes usar para dividir?
- ¿Cómo puedes usar una operación de multiplicación relacionada para dividir?
- ¿Cómo puedes dividir usando factores?
- ¿Qué clase de problemas se pueden resolver con la división?

7 Estrategias y operaciones de división 363

VOLUMEN 2

Fracciones

LA GRAN IDEA Desarrollar una comprensión conceptual sobre las fracciones y sobre conceptos de fracciones, incluyendo comparaciones y equivalencias de fracciones.

APRENDE EN LÍNEA

¡Aprende en línea! Tus lecciones de matemáticas son interactivas. Usa *i*Tools, Modelos matemáticos animados y el Glosario multimedia.

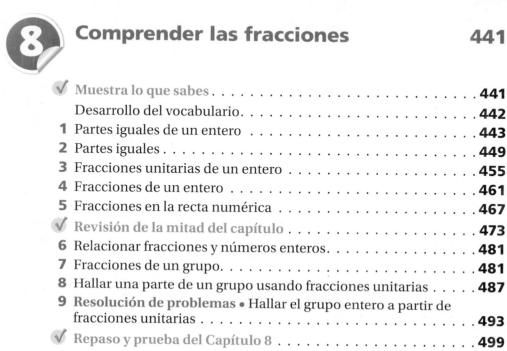

Pregunta esencial
¿Qué son las partes iguales de un entero?

Presentación del Capítulo 8

En este capítulo, vas a explorar y descubrir las respuestas a las siguientes **Preguntas esenciales:**

- ¿Cómo puedes usar fracciones para describir cuánto o cuántos?
- ¿Por qué necesitas tener partes iguales en una fracción?
- ¿Cómo puedes resolver problemas con fracciones?

Presentación del Capítulo 9

En este capítulo, explorarás y descubrirás las respuestas a las siguientes **Preguntas esenciales:**

- ¿Cómo puedes comparar fracciones?
- ¿Qué modelos te pueden ayudar a comparar y ordenar fracciones?
- ¿Cómo puedes usar el tamaño de las partes como ayuda para comparar y ordenar fracciones?
- ¿Cómo puedes hallar fracciones equivalentes?

**Presentación del
Capítulo 10**

En este capítulo, explorarás
y descubrirás las respuestas
a las siguientes **Preguntas
esenciales**:

• ¿Cómo puedes decir la
hora y usar medidas para
describir el tamaño de
algo?

• ¿Cómo puedes decir la
hora y hallar el tiempo
transcurrido, la hora de
comienzo o la hora de
finalización de un suceso?

• ¿Cómo puedes medir la
longitud de un objeto a la
media pulgada o al cuarto
de pulgada más próxima?

**Presentación del
Capítulo 11**

En este capítulo, explorarás
y descubrirás las respuestas
a las siguientes **Preguntas
esenciales:**

• ¿Cómo puedes resolver
problemas de perímetro y
de area?

• ¿Cómo puedes hallar el
perímetro?

• ¿Cómo puedes hallar el
área?

• ¿Qué podrías necesitar
para estimar o medir el
perímetro y el área?

Medición

La gran idea Desarrollar una comprensión conceptual de la medición, que incluye medidas de tiempo (la hora), lineales y de volumen. Desarrollar conceptos de área y perímetro.

Geometría

LA GRAN IDEA Describir, analizar y comparar figuras bidimensionales. Desarrollar una comprensión conceptual de la división de las figuras en áreas iguales y escribir dichas áreas como una fracción.

© Houghton Mifflin Harcourt Publishing Company

La gran idea

APRENDE EN LÍNEA

¡Aprende en línea! Tus lecciones de matemáticas son interactivas. Usa *i*Tools, Modelos matemáticos animados y el Glosario multimedia.

Presentación del Capítulo 12

En este capítulo, explorarás y descubrirás las respuestas a las siguientes **Preguntas esenciales:**

- ¿Cuáles son algunas maneras de describir y clasificar figuras bidimensionales?
- ¿Cómo puedes describir los ángulos y los lados de los polígonos?
- ¿Cómo puedes usar los lados y los ángulos para describir los cuadriláteros y los triángulos?
- ¿Cómo puedes usar las propiedades de las figuras para clasificarlas?
- ¿Cómo puedes dividir las figuras en partes iguales y usar fracciones unitarias para describir las partes?

Entrenador personal en matemáticas
Evaluación e intervención en línea

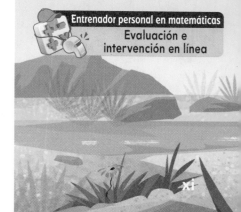

x1

Fracciones

LA GRAN IDEA Desarrollar una comprensión conceptual sobre las fracciones y sobre conceptos de fracciones, incluyendo comparaciones y equivalencias de fracciones.

En la moneda de 25¢ de Missouri aparecen los exploradores Lewis y Clark navegando por el río Missouri. En el fondo se ve el arco Gateway.

En el mundo Proyecto

Las monedas en los Estados Unidos

Muchos años atrás, una moneda llamada *real de a ocho* solía dividirse en 8 partes iguales. Cada parte equivalía a un octavo, o $\frac{1}{8}$, del entero. En la actualidad, los valores de las monedas de los Estados Unidos se basan en el dólar. Cuatro monedas de 25¢ tienen el mismo valor que 1 dólar. Entonces, 1 moneda de 25¢ equivale a un cuarto o $\frac{1}{4}$ de dólar.

Para comenzar

ESCRIBE ▸ *Matemáticas*

Trabaja con un compañero. ¿En qué año se acuñaron las monedas de 25¢ del estado de Missouri? Usa los Datos importantes como ayuda. Luego escribe fracciones para responder estas preguntas:

1. ¿A qué parte de un dólar equivalen 2 monedas de 25¢?

2. ¿A qué parte de una moneda de 10¢ equivale 1 moneda de 5¢?

3. ¿A qué parte de una moneda de 10¢ equivalen 2 monedas de 5¢?

Datos importantes

- Entre los años 1999 y 2008, el gobierno de los Estados Unidos acuñó monedas de 25¢ de los estados según el orden en que esos estados comenzaron a formar parte de los Estados Unidos.
- 1999: Delaware, Pennsylvania, Nueva Jersey, Georgia, Connecticut
- 2000: Massachusetts, Maryland, Carolina del Sur, New Hampshire, Virginia
- 2001: Nueva York, Carolina del Norte, Rhode Island, Vermont, Kentucky
- 2002: Tennessee, Ohio, Luisiana, Indiana, Mississippi
- 2003: Illinois, Alabama, Maine, Missouri, Arkansas
- 2004: Michigan, Florida, Texas, Iowa, Wisconsin
- 2005: California, Minnesota, Oregón, Kansas, Virginia Occidental
- 2006: Nevada, Nebraska, Colorado, Dakota del Norte, Dakota del Sur
- 2007: Montana, Washington, Idaho, Wyoming, Utah
- 2008: Oklahoma, Nuevo México, Arizona, Alaska, Hawaii

_____

_____

_____

_____

Completado por _____

© Houghton Mifflin Harcourt Publishing Company • Image Credits: (tl) ©Garry Gay/Alamy

Capítulo 8 · Comprender las fracciones

 **Muestra lo que sabes**

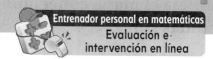 Entrenador personal en matemáticas
Evaluación e intervención en línea

Comprueba si comprendes las destrezas importantes

Nombre _____

▶ **Partes iguales** Encierra en un círculo la figura que tiene partes iguales.

1.

2.

▶ **Combinar figuras planas** Escribe el número de necesarios para cubrir la figura.

3.

_____ triángulos

4.

_____ triángulos

5.

_____ triángulos

▶ **Contar grupos iguales** Completa.

6.

_____ grupos

_____ en cada grupo

7.

_____ grupos

_____ en cada grupo

 **Matemáticas En el mundo**

Casey repartió una pizza entre algunos amigos. Cada uno comió $\frac{1}{3}$ de la pizza. ¿Cuántas personas compartieron la pizza?

▶ **Visualízalo** ....

Completa el mapa conceptual con las palabras marcadas con ✓.

Palabras nuevas
✓ cuartos
denominador
✓ entero
fracción
fracción mayor que 1
fracción unitaria
✓ mitades
numerador
✓ octavos
partes iguales
✓ sextos
✓ tercios

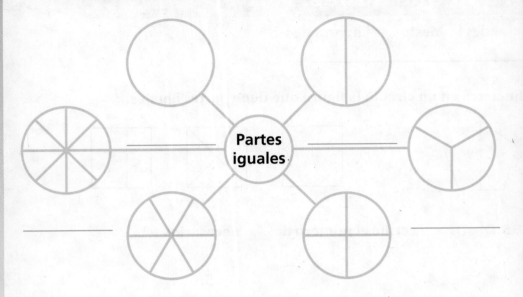

▶ **Comprende el vocabulario** ....

Lee la descripción. Escribe la palabra nueva.

1. Es un número que indica una parte de un entero o una

   parte de un grupo. _____

2. Es la parte de la fracción que está sobre la línea e indica
   cuántas partes se están contando.

   _____

3. Es la parte de la fracción que está debajo de la línea
   e indica cuántas partes iguales hay en el entero o en

   el grupo. _____

4. Es un número que indica 1 parte igual de un entero y tiene

   el número 1 como numerador. _____

• **Libro interactivo del estudiante**
• **Glosario multimedia**

Capítulo 8 Vocabulario

cuartos

Fourths

9

denominador

denominator

10

entero

Whole

18

fracción

fraction

23

fracción mayor que 1

Fraction Greater than 1

24

fracción unitaria

unit fraction

25

mitades

Halves

45

numerador

numerator

48

La parte de la fracción que está debajo de la línea e indica cuántas partes iguales hay en el entero o en el grupo

Ejemplo: $\dfrac{1}{5}$ ← denominador

Estos son cuartos

Un número que indica una parte de un entero o una parte de un grupo

Ejemplos:

 $\dfrac{1}{3}$

Todas las partes de una figura o grupo

Ejemplo:

$\dfrac{2}{2} = 1$

Esto es un entero

Fracción que tiene 1 en su número superior o numerador.

Ejemplo: $\dfrac{1}{3}$ es una fracción unitaria

Un número cuyo numerador es mayor que su denominador

Ejemplos:

  $\dfrac{6}{3}$ $\dfrac{2}{1}$

Parte de la fracción que está sobre la línea e indica cuántas partes se están contando

Ejemplo: $\dfrac{1}{5}$ ← numerador

Estas son mitades

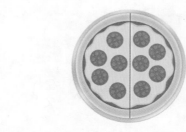

Capítulo 8 Vocabulario *(continuación)*

octavos **Eighths** 51	partes iguales **Equal Parts** 56
sextos **Sixths** 76	tercios **Thirds** 79

Partes que son exactamente del mismo tamaño

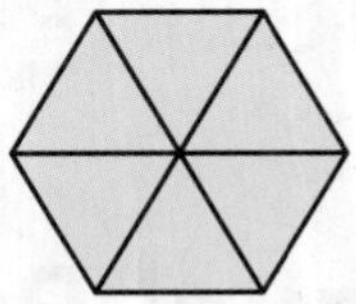

6 partes iguales

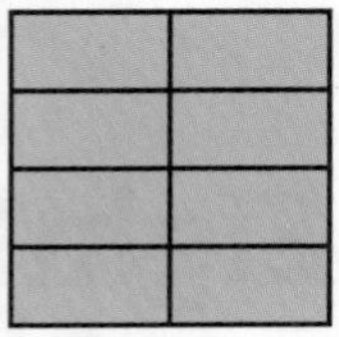

Estos son octavos

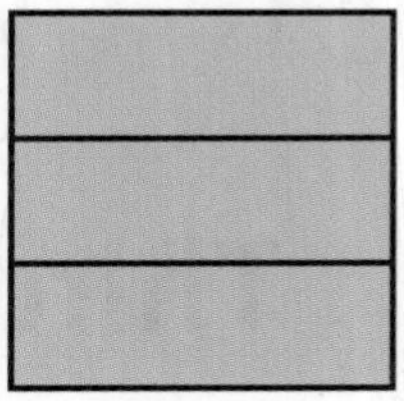

Estos son tercios

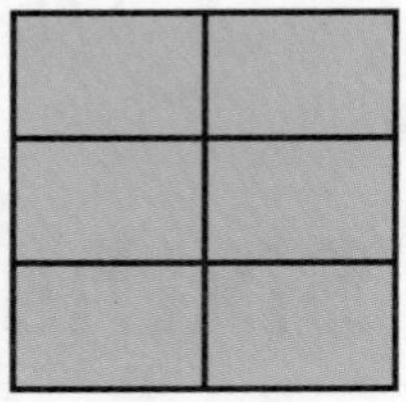

Estos son sextos

Visita a la Casa de la Moneda

Recuadro de palabras

denominador
octavos
partes iguales
cuartos
fracción
fracción mayor que 1
mitades
numerador
sextos
tercios
fracción unitaria
entero

Para 2 a 4 jugadores

Materiales

- 3 cubos interconectables rojos
- 3 cubos interconectables azules
- 3 cubos interconectables verdes
- 3 cubos interconectables amarillos
- 1 cubo numerado

Instrucciones

1. Coloca tus 3 cubos interconectables en el círculo de SALIDA del mismo color.

2. Para que salga un cubo de la SALIDA, debes sacar un 6.
   - Si sacas un 6, avanza 1 de tus cubos hasta el círculo del camino que tiene el mismo color.
   - Si no sacas un 6, espera hasta el próximo turno.

3. Una vez que tienes un cubo en el camino, lanza el cubo numerado para jugar. Avanza los cubos interconectables ese número de casillas color café. Todos tus cubos deben estar en el camino.

4. Si caes en una casilla con una pregunta, respóndela. Si tu respuesta es correcta, avanza 1 casilla.

5. Para alcanzar la LLEGADA, mueve tus cubos interconectables por el camino del mismo color que los cubos. Ganará la partida el primer jugador que alcance la LLEGADA con los tres cubos.

Juego

SALIDA

¿Qué significa entero?

¿A cuántos sextos son iguales tres tercios?

¿Por qué $\frac{1}{4}$ es una fracción unitaria?

¿Cómo se llama la parte de una fracción que está arriba de la línea?

¿Cuántos cuartos hay en un entero?

¿Qué es una fracción?

LLEGADA

¿Por qué $\frac{4}{3}$ es una fracción mayor que 1?

¿Cuál es un entero, $\frac{3}{8}$ o $\frac{8}{8}$?

SALIDA

442B

© Houghton Mifflin Harcourt Publishing Company

¿Qué son los sextos?

¿Qué clase de número tiene el numerador más grande que el denominador?

SALIDA

LLEGADA

¿Qué clase de fracción es $\frac{1}{3}$?

Si un entero tiene dos partes iguales, ¿cómo se llaman las partes iguales?

¿Cuántas partes iguales llamadas tercios hay en un entero?

¿Qué son las partes iguales?

Si hay 8 partes iguales en un entero, ¿cómo se llaman las partes iguales?

¿Qué significa *denominador*?

SALIDA

Escríbelo

Reflexiona

Elige una idea. Escribe sobre ella.

- Dibuja y explica las ideas de partes *iguales* y *desiguales*. Haz tu dibujo en una hoja aparte.
- Explica la idea más importante que debes comprender sobre las fracciones.
- Define *numerador y denominador* para que las pueda entender un niño más pequeño.

Nombre _____

Partes iguales de un entero

Objetivo de aprendizaje Describirás partes iguales de un entero.

Pregunta esencial ¿Qué son las partes iguales de un entero?

🔑 Soluciona el problema

Laura comparte un emparedado con su hermano. Cada uno recibe una parte igual. ¿Cuántas partes iguales hay?

• ¿Qué debes hallar?

_____

_____

• ¿Cuántas personas comparten el emparedado?

_____

🔒 Cada una de las siguientes figuras enteras está dividida en partes iguales. Un **entero** es el total de las partes de una figura o grupo. Las **partes iguales** son exactamente del mismo tamaño.

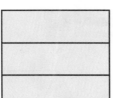

2 **mitades**

3 **tercios**

4 **cuartos**

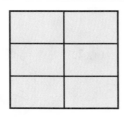

_____ **sextos**

_____ **octavos**

El emparedado de Laura está dividido en

mitades. Entonces, hay _____ partes iguales.

• Haz un dibujo para mostrar una manera diferente en que podría dividirse en mitades el emparedado de Laura.

Charla matemática

PRÁCTICAS Y PROCESOS MATEMÁTICOS ①

Verifica el razonamiento de otros ¿Tienen tus mitades la misma forma que las mitades de tu compañero? Explica por qué ambas mitades representan el mismo tamaño.

¡Inténtalo! Indica si la figura está dividida en partes *iguales* o *desiguales*.

A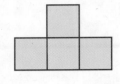

4 _____ partes

cuartos

B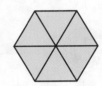

6 _____ partes

sextos

C

2 _____ partes

Estas no son mitades.

 Para evitar errores
Asegúrate de que las partes tengan el mismo tamaño.

iguales   desiguales

Comparte y muestra

MATH BOARD

1. Esta figura está dividida en 3 partes iguales. ¿Cómo se llaman esas partes?

_____

Charla matemática PRÁCTICAS Y PROCESOS MATEMÁTICOS **3**

Aplica ¿Cómo sabes si las figuras están divididas en partes iguales?

Escribe el número de partes iguales. Luego escribe el nombre de las partes.

2.

_____ partes iguales

_____

3.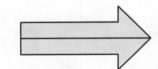

_____ partes iguales

_____

4.

_____ partes iguales

_____

Indica si la figura está dividida en partes *iguales* o *desiguales*.

5.

partes _____

6.

partes _____

7.

partes _____

Por tu cuenta

Escribe el número de partes iguales. Luego escribe el nombre de las partes.

8.

_____ partes iguales

_____

9.

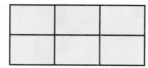

_____ partes iguales

_____

10.

_____ partes iguales

_____

11.

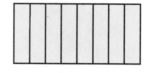

_____ partes iguales

_____

12.

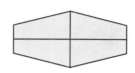

_____ partes iguales

_____

13.

_____ partes iguales

_____

Indica si la figura está dividida en partes _iguales_ o _desiguales_.

14.

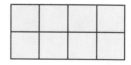

partes _____

15.

partes _____

16.

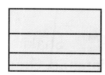

partes _____

17. Dibuja líneas para dividir el círculo en 8 octavos.

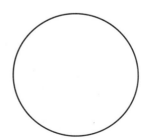

18. MÁS AL DETALLE Thomas quiere dividir un papel cuadrado en 4 partes iguales. Haz dos dibujos rápidos diferentes para mostrar cómo sería su papel.

Capítulo 8 • Lección 1   445

Resolución de problemas • Aplicaciones

Usa las ilustraciones para resolver los problemas 19 y 20.

19. La Sra. Rivera hizo 2 bandejas de crema de maíz para una gran cena familiar. Cortó cada bandeja en partes. ¿Cómo se llaman las partes de la Bandeja A?

_____

20. **PIENSA MÁS** Álex dijo que su mamá había dividido la Bandeja B en octavos. ¿Tiene sentido su afirmación? Explícalo.

Bandeja A   **Bandeja B**

_____

_____

21. **PRÁCTICAS Y PROCESOS MATEMÁTICOS 6** **Explica** por qué el rectángulo está dividido en 4 partes iguales.

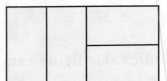

_____

_____

22. **MÁS AL DETALLE** Shakira cortó un papel en forma de triángulo. Quiere dividir el triángulo en 2 partes iguales. Haz un dibujo rápido para mostrar cómo sería su triángulo.

23. **PIENSA MÁS** Parker divide una barra de frutas en 3 partes iguales. Encierra en un círculo la palabra que hace que la oración sea verdadera.

La barra de frutas está dividida en

| tercios |
| mitades | · |
| cuartos |

Partes iguales de un entero

Objetivo de aprendizaje Describirás partes iguales de un entero.

**Escribe el número de partes iguales.
Luego escribe el nombre de las partes.**

1.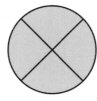

___4___ partes iguales

___cuartos___

2.

_____ partes iguales

_____

Indica si la figura está dividida en partes *iguales* o *desiguales*.

3.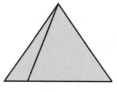

partes _____

4.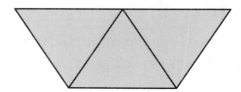

partes _____

Resolución de problemas

5. Diego corta una pizza redonda en ocho trozos iguales. ¿Cómo se llaman las partes?

_____

6. Madison hace un mantel individual. Lo divide en 6 partes iguales para colorearlo. ¿Cómo se llaman las partes?

_____

7. [ESCRIBE] ▸*Matemáticas* Describe cómo 4 amigos podrían compartir un sándwich en partes iguales.

_____

_____

Repaso de la lección

1. ¿Cuántas partes iguales hay en esta figura?

2. ¿Cómo se llaman las partes iguales del entero?

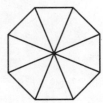

_____

_____

Repaso en espiral

3. Usa una operación de multiplicación relacionada para hallar el cociente.

$$49 \div 7 = \boxed{}$$

4. Halla el factor y el cociente desconocidos.

$$9 \times \boxed{} = 45$$

$$45 \div 9 = \boxed{}$$

_____

_____

5. Hay 5 pares de calcetines en un paquete. Matt compra 3 paquetes de calcetines. ¿Cuántos pares de calcetines compra Matt en total?

6. La Sra. McCarr compra 9 paquetes de marcadores para un proyecto de arte. Cada paquete tiene 10 marcadores. ¿Cuántos marcadores compra la Sra. McCarr en total?

_____

_____

PRACTICA MÁS CON EL
Entrenador personal
en matemáticas

Nombre _____

Partes iguales

Objetivo de aprendizaje Dibujarás modelos para formar partes iguales.

Pregunta esencial ¿Por qué es necesario que sepas cómo formar partes iguales?

Soluciona el problema

Cuatro amigos se reparten 2 pizzas pequeñas en partes iguales. ¿De qué dos maneras se podrían dividir las pizzas en partes iguales? ¿Cuánta pizza recibiría cada uno de los amigos?

- ¿Qué diferencia podría haber entre las dos maneras?

_____

Dibuja para representar el problema.

Dibuja 2 círculos para representar las pizzas.

De una manera

Hay _____ amigos.

Entonces, corta cada pizza en 4 trozos.

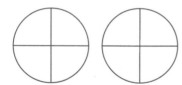

Hay _____ partes iguales.

Cada amigo puede recibir 2 partes iguales. Cada uno recibirá 2 octavos del total.

De otra manera

Hay _____ amigos.

Entonces, corta el total de pizzas en 4 trozos.

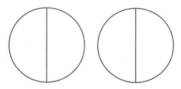

Hay _____ partes iguales.

Cada amigo puede recibir 1 parte igual. Cada uno recibirá 1 mitad de una pizza.

¡Inténtalo! Cuatro niñas se reparten 3 naranjas en partes iguales. Haz un dibujo rápido para hallar cuánto recibe cada niña.

- Dibuja 3 círculos para representar las naranjas.
- Dibuja líneas para dividir los círculos en partes iguales.
- Sombrea la parte que recibe 1 niña.
- Describe qué parte de una naranja recibe cada niña.

_____

Charla matemática PRÁCTICAS Y PROCESOS MATEMÁTICOS ③

Usa el razonamiento ¿Por qué los amigos recibirán la misma cantidad de pizza de cualquiera de las dos maneras?

🔓 Ejemplo

Melissa y Kyle planean repartir una
bandeja de lasaña entre 6 amigas. No
se ponen de acuerdo sobre la manera
de cortar la lasaña en partes iguales.
¿Recibirá cada
amiga una parte igual si usan la
manera de Melissa? ¿Y si usan la
manera de Kyle?

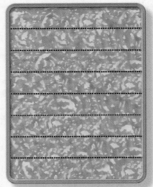 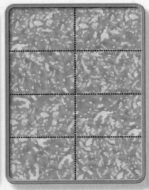

Manera de Melissa   Manera de Kyle

- ¿Tendrán las partes de Melissa y las partes de Kyle la misma forma? _____

- ¿Tendrán las partes el mismo tamaño si usan cualquiera de las dos maneras? _____

  Entonces, cada amiga recibirá una parte _____ de cualquier manera.

- Explica por qué las dos maneras hacen posible que las amigas reciban la
  misma cantidad de lasaña.

  _____

  _____

Comparte y muestra 🖊 MATH BOARD

💬 Charla matemática   PRÁCTICAS Y PROCESOS MATEMÁTICOS ⑥

Explica otra manera en
que se podrían haber
dividido las naranjas.
Indica cuánto recibirá
cada amigo.

1. Dos amigos se reparten 4 naranjas en partes iguales. Usa la
   ilustración para hallar cuánto recibe cada amigo.

Piensa: Hay más
naranjas que amigos.

_____

**Dibuja líneas para mostrar cuánto recibe cada persona.
Escribe la respuesta.**

2. 8 hermanas se reparten 3 rollitos de
   huevo en partes iguales.

_____

3. 6 estudiantes se reparten 4 roscas de pan
   en partes iguales.

_____

Nombre _____

Dibuja líneas para mostrar cuánto recibe cada persona. Escribe la respuesta.

4. 3 compañeros de clase se reparten 2 barras de cereal en partes iguales.

_____

5. 4 hermanos se reparten 2 emparedados en partes iguales.

_____

Haz un dibujo para mostrar cuánto recibe cada persona. Sombrea la cantidad que recibe cada una. Escribe la respuesta.

6. 8 amigos se reparten 4 hojas de cartulina en partes iguales.

_____

7. **PRÁCTICAS Y PROCESOS MATEMÁTICOS ④** **Haz modelos matemáticos** 4 hermanas se reparten 3 panecillos en partes iguales.

_____

8. **MÁS AL DETALLE** María preparó 5 quesadillas. Quiere repartirlas en partes iguales entre sus 8 vecinos. ¿Qué parte de una quesadilla recibirá cada vecino?

_____

Soluciona el problema En el mundo

9. **PIENSA MÁS** Julia da una clase de cómo hornear pan. Hay 4 adultos y 3 niños en su clase. La clase hará 2 panes redondos. Si Julia piensa darle a cada persona, incluida ella misma, partes iguales de pan, ¿qué cantidad de pan recibirá cada persona?

a. ¿Qué debes hallar? _____

_____

b. ¿Cómo usarás lo que sabes acerca de dibujar partes iguales

para resolver el problema? _____

_____

c. Haz un dibujo rápido para hallar la cantidad de pan que recibirá cada persona.

d. Entonces, cada persona recibirá

_____ de un pan.

10. **PIENSA MÁS** Lara y tres amigas se reparten tres emparedados en partes iguales.

¿Cuánto recibe cada niña? Marca todas las respuestas que correspondan.

(A) 3 quintos de emparedado   (C) 1 emparedado entero

(B) 3 cuartos de emparedado   (D) una mitad y 1 cuarto de emparedado

Partes iguales

Objetivo de aprendizaje Dibujarás modelos para formar partes iguales.

Dibuja líneas para mostrar cuánto obtiene cada persona. Escribe la respuesta.

1. 6 amigos se reparten 3 emparedados en partes iguales.

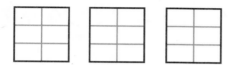

_____ 3 sextos de un emparedado _____

2. 4 compañeros de equipo se reparten 5 barras de cereal en partes iguales. Dibuja líneas para mostrar cuánto obtiene cada uno. Sombrea la cantidad que obtiene uno de los amigos. Escribe la respuesta.

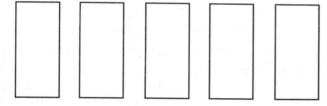

_____

Resolución de problemas

3. Tres hermanos se reparten 2 emparedados en partes iguales. ¿Qué cantidad de un emparedado obtiene cada hermano?

_____

_____

4. Seis vecinos se reparten 4 tartas en partes iguales. ¿Qué cantidad de una tarta obtiene cada vecino?

_____

_____

5. **ESCRIBE** ▸*Matemáticas* Haz un dibujo que muestre 3 pizzas repartidas en partes iguales entre 6 amigos.

_____

Repaso de la lección

1. Dos amigos se reparten 3 barras de frutas en partes iguales. ¿Qué cantidad obtiene cada amigo?

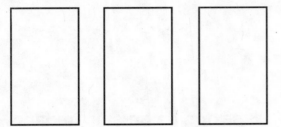

_____

2. Cuatro hermanos se reparten 3 pizzas en partes iguales. ¿Qué cantidad de una pizza obtiene cada hermano?

_____

Repaso en espiral

3. Halla el cociente.

$$3\overline{)27}$$

_____

4. Tyrice colocó 4 galletas en cada una de las 7 bolsas que tenía. ¿Cuántas galletas colocó en las bolsas en total?

_____

5. Ryan gana $5 por hora por rastrillar hojas. Ganó $35. ¿Durante cuántas horas rastrilló hojas?

_____

_____

6. Hannah tiene 229 adhesivos con caballos y 164 adhesivos con gatitos. ¿Cuántos adhesivos con caballos más que con gatitos tiene Hannah?

_____

_____

© Houghton Mifflin Harcourt Publishing Company

PRACTICA MÁS CON EL
Entrenador personal
en matemáticas

Nombre _____

Fracciones unitarias de un entero

Pregunta esencial ¿Qué indican los números de arriba y de abajo de una fracción?

Objetivo de aprendizaje Usarás modelos fraccionarios para reconocer y nombrar la cantidad formada por una parte cuando se divide un número entero en partes iguales.

Una **fracción** es un número que indica una parte de un entero o una parte de un grupo.

En una fracción, el número de arriba indica cuántas partes iguales se están contando. $\longrightarrow \dfrac{1}{6}$

El número de abajo indica cuántas partes iguales hay en el entero o en el grupo. $\longrightarrow$

Una **fracción unitaria** indica 1 parte igual de un entero. Tiene el número 1 como número de arriba. $\frac{1}{6}$ es una fracción unitaria.

🔑 Soluciona el problema En el mundo

La familia de Luke recogió fresas. Pusieron las fresas lavadas en una parte de una bandeja de frutas. La bandeja tenía 6 partes iguales. ¿Qué fracción de la bandeja de frutas tenía fresas?

Halla una parte de un entero.

    Sombrea 1 de las 6 partes iguales.

Lee: un sexto   **Escribe:** $\frac{1}{6}$

Entonces, _____ de la bandeja tenía fresas.

Usa una fracción para hallar un entero.

Esta figura ▢ es $\frac{1}{4}$ del entero. Estos son ejemplos de cómo podría ser el entero.

Charla matemática PRÁCTICAS Y PROCESOS MATEMÁTICOS ②

Razona de forma abstracta ¿Cómo puedes formar un entero si sabes cómo es una parte igual?

Ⓐ    Ⓑ   Ⓒ

¡Inténtalo! Vuelve a mirar los ejemplos de la parte inferior de la página 455.
Haz otros dos dibujos de cómo podría ser el entero.

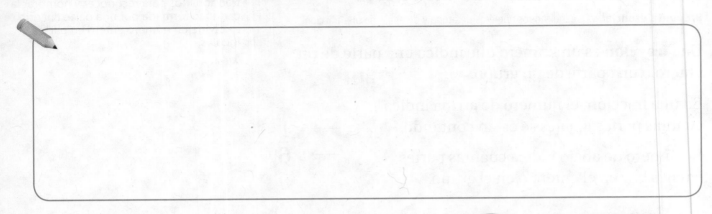

Comparte y muestra

MATH BOARD

Charla matemática

PRÁCTICAS Y PROCESOS MATEMÁTICOS **4**

Representa Cuando usas un modelo fraccionario, ¿cómo sabes cuál será el denominador de la fracción?

1. ¿Qué fracción indica la parte sombreada? _____

Piensa: Está sombreada 1 de 3 partes iguales.

**Escribe el número de partes iguales que hay en el entero.
Luego escribe la fracción que indica la parte sombreada.**

2.

_____ partes iguales

_____

3.
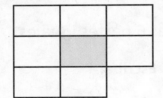

_____ partes iguales

_____

4.
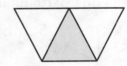

_____ partes iguales

_____

5.
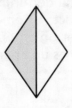

_____ partes iguales

_____

6.
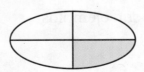

_____ partes iguales

_____

7.

_____ partes iguales

_____

Por tu cuenta

**Escribe el número de partes iguales que hay en el entero.
Luego escribe la fracción que indica la parte sombreada.**

8.

_____ partes iguales

_____

9.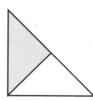

_____ partes iguales

_____

10.

_____ partes iguales

_____

11.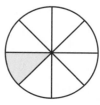

_____ partes iguales

_____

12.

_____ partes iguales

_____

13. MÁS AL DETALLE

_____ partes iguales

_____

PRÁCTICAS Y PROCESOS MATEMÁTICOS 4 **Usa diagramas** **Haz un dibujo del entero.**

14. $\frac{1}{2}$ es

15. $\frac{1}{3}$ es

16. $\frac{1}{6}$ es

17. $\frac{1}{4}$ es

Resolución de problemas · Aplicaciones

Usa las ilustraciones para responder las preguntas 18 y 19.

Almuerzo de Kylie	Almuerzo de Dylan
emparedado	pizza
manzana	barra de frutas

18. Las partes que faltan en las ilustraciones representan lo que se comieron Kylie y Dylan en el almuerzo. ¿Qué fracción de la pizza se comió Dylan? ¿Qué fracción de la barra de frutas se comió?

_____

19. ¿Qué fracción de la manzana se comió Kylie? Escribe la fracción en números y en palabras.

____ _____

20. **PRÁCTICAS Y PROCESOS MATEMÁTICOS ③** **Argumenta** Diego dibujó líneas, como se muestra a la derecha, para dividir el cuadrado en 6 partes. Luego sombreó una parte del cuadrado. Diego dice que sombreó $\frac{1}{6}$ del cuadrado. ¿Tiene razón? Explica cómo lo sabes.

_____

_____

21. **PIENSA MÁS** Riley y Chad tienen cada uno una barra de granola partida en partes iguales. Cada uno comió un trozo o $\frac{1}{4}$ de su barra de granola. ¿Cuántos trozos más se deben comer Riley y Chad para terminar sus barras de granola? Haz un dibujo para justificar tu respuesta.

_____

22. **PIENSA MÁS** ¿Qué fracción indica la parte sombreada? Explica cómo sabes cómo escribir la fracción.

_____

_____

Fracciones unitarias de un entero

Escribe el número de partes iguales que hay en el entero.
Luego escribe la fracción que indica la parte sombreada.

Objetivo de aprendizaje Usarás modelos fraccionarios para reconocer y nombrar la cantidad formada por una parte cuando se divide un número entero en partes iguales.

1.

_____6_____ partes iguales

_____$\frac{1}{6}$_____

2.

_____ partes iguales

_____

Haz un dibujo del todo.

3. $\frac{1}{3}$ es

4. $\frac{1}{8}$ es

Resolución de problemas · En el mundo

5. Tyler horneó pan de maíz. Lo cortó en 8 trozos iguales y comió 1 trozo. ¿Qué fracción del pan de maíz comió Tyler?

_____

6. Anna cortó una manzana en 4 trozos iguales. Le dio 1 trozo a su hermana. ¿Qué fracción de la manzana le dio Anna a su hermana?

_____

7. **ESCRIBE** ▸ *Matemáticas* Haz un dibujo para mostrar cómo luce 1 de 3 partes iguales. Luego escribe la fracción.

_____

_____

Repaso de la lección

1. ¿Qué fracción indica la parte sombreada?

2. Tasha cortó una barra de frutas en 3 partes iguales. Comió 1 parte. ¿Qué fracción de la barra de frutas comió Tasha?

_____

Repaso en espiral

3. Álex tiene 5 lagartijas. Las distribuye en partes iguales en 5 jaulas. ¿Cuántas lagartijas puso Álex en cada jaula?

4. Halla el producto.

$8 \times 1 = \boxed{}$

_____

5. Leonardo compró 6 juguetes para su nuevo cachorro. Cada juguete costó $4. ¿Cuánto gastó Leonardo en los juguetes en total?

6. Lilly hace una pictografía. Cada dibujo de una estrella es igual a dos libros que leyó. La hilera para el mes de diciembre tiene 3 estrellas. ¿Cuántos libros leyó Lilly durante el mes de diciembre?

_____

PRACTICA MÁS CON EL
Entrenador personal
en matemáticas

Fracciones de un entero

Pregunta esencial ¿De qué manera una fracción puede indicar una parte de un entero?

Objetivo de aprendizaje Usarás modelos fraccionarios para nombrar las partes iguales de un entero.

Soluciona el problema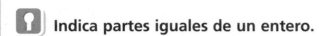

La primera pizzería de los Estados Unidos se inauguró en Nueva York en 1905. La receta de la pizza vino de Italia. Observa la bandera de Italia. ¿Qué fracción de la bandera no es roja?

🔑 Indica partes iguales de un entero.

Una fracción puede indicar más de 1 parte igual de un entero.

La bandera está dividida en 3 partes iguales, y 2 partes no son rojas.

2 partes no rojas → $\frac{2}{3}$ ← numerador
3 partes iguales en total → ← denominador

Lee: dos tercios o dos partes de tres partes iguales

Escribe: $\frac{2}{3}$

Entonces, _____ de la bandera no son rojos.

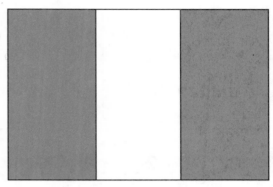

▲ **La bandera de Italia tiene tres partes iguales.**

Idea matemática

Cuando todas las partes de una figura están sombreadas, una figura entera es igual al total de sus partes. Representa el número entero 1.

$$\frac{3}{3} = 1$$

El **numerador** indica cuántas partes se están contando.

El **denominador** indica cuántas partes iguales hay en el entero o en el grupo.

Puedes contar partes iguales, como sextos, para formar un entero.

Una parte de $\frac{1}{6}$	Dos partes de $\frac{1}{6}$	Tres partes de $\frac{1}{6}$	Cuatro partes de $\frac{1}{6}$	Cinco partes de $\frac{1}{6}$	Seis partes de $\frac{1}{6}$
$\frac{1}{6}$	$\frac{2}{6}$	$\frac{3}{6}$	$\frac{}{6}$	$\frac{}{6}$	$\frac{}{6}$

Por ejemplo, $\frac{6}{6}$ = un entero o 1.

¡Inténtalo! Escribe la palabra o el número que falta para indicar la parte sombreada.

 A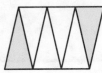

$\dfrac{2}{6}$

_____ sextos

 B

$\dfrac{5}{8}$

_____ octavos

 C

$\dfrac{}{3}$

dos tercios

 D

$\dfrac{}{6}$ o 1

seis sextos o un entero

Comparte y muestra

MATH BOARD

Charla matemática

PRÁCTICAS Y PROCESOS MATEMÁTICOS ⑧

Generaliza ¿Qué te indican el numerador y el denominador de una fracción?

1. Sombrea dos partes de ocho partes iguales. Escribe una fracción en palabras y en números para indicar la parte sombreada.

Piensa: Cada parte es $\frac{1}{8}$.

Lee: _____ octavos   **Escribe:** _____

Escribe la fracción que indica cada parte. Escribe una fracción en palabras y en números para indicar la parte sombreada.

2.

Cada parte es _____.

_____ cuartos

_____

✓3.

Cada parte es _____.

_____ sextos

_____

✓4.

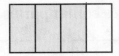

Cada parte es _____.

_____ cuartos

_____

Nombre _____

Por tu cuenta

Escribe la fracción que indica cada parte. Escribe una fracción en palabras y en números para indicar la parte sombreada.

5.

Cada parte es _____.

_____ octavos

_____

6.

Cada parte es _____.

_____ tercios

_____

7.

Cada parte es _____.

_____ sextos

_____

Sombrea el círculo fraccionario para representar la fracción. Luego escribe la fracción en números.

8. seis de ocho

_____

9. tres cuartos

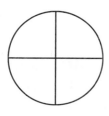

_____

10. tres de tres

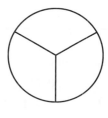

_____

11. Una bandera está dividida en 4 secciones iguales. Una sección es blanca. ¿Qué fracción de la bandera no es blanca?

_____

12. Un jardín tiene 6 secciones. Dos secciones están plantadas con tomates. ¿Qué fracción representa la parte del jardín que no tiene tomates?

_____

13. Jane hace una colcha con las telas de algunas de sus ropas viejas favoritas que le quedan pequeñas. Usará camisetas para los cuadrados sombreados en el patrón. ¿Cómo se llama la parte de la colcha que estará hecha de camisetas?

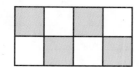

_____

Resolución de problemas • Aplicaciones

Usa las ilustraciones para resolver los problemas 14 y 15.

Salchichón   Queso   Verduras

14. **MÁS AL DETALLE**   La Sra. Ormond pidió pizza. Cada pizza tenía 8 trozos iguales. ¿Qué fracción de la pizza de salchichón se comió? ¿Qué fracción de la pizza de queso sobró?

_____

15. **PIENSA MÁS**   **Plantea un problema** Usa la ilustración de la pizza de verduras para escribir un problema que tenga una fracción como respuesta. Resuelve tu problema.

_____

_____

_____

16. **PRÁCTICAS Y PROCESOS MATEMÁTICOS ③**   **Verifica el razonamiento de otros** Kate dice que $\frac{2}{4}$ del rectángulo están sombreados. Describe su error. Escribe la fracción correcta para la parte sombreada.

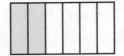

_____

_____

_____

17. **PIENSA MÁS**   Elige un numerador y un denominador para la fracción que indica la parte sombreada de la figura.

Numerador	Denominador
○ 2	○ 3
○ 3	○ 5
○ 5	○ 6
○ 6	○ 8

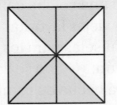

Fracciones de un entero

Objetivo de aprendizaje Usarás modelos fraccionarios para nombrar las partes iguales de un entero.

Escribe la fracción que indica cada parte. Escribe una fracción en palabras y en números para indicar la parte sombreada.

1.

Cada parte es ____$\frac{1}{6}$____.

___tres___ sextos

____$\frac{3}{6}$____

2.

Cada parte es _____.

_____ octavos

_____

Sombrea el círculo fraccionario para representar la fracción. Luego escribe la fracción en números.

3. cuatro de seis

_____

4. ocho de ocho

_____

![Resolución de problemas En el mundo]

5. Emma hace un cartel para el concierto de primavera de la escuela. Divide el cartel en 8 partes iguales. Usa dos de las partes para el título. ¿Qué fracción del cartel usa Emma para el título?

_____

6. Lucas hace una bandera. La bandera tiene 6 partes iguales. Cinco de las partes son rojas. ¿Qué fracción de la bandera es roja?

_____

7. **ESCRIBE** ▸ *Matemáticas* Dibuja un rectángulo y divídelo en 4 partes iguales. Sombrea 3 partes. Luego escribe la fracción que represente la parte sombreada.

_____

_____

Repaso de la lección

1. ¿Qué fracción indica la parte sombreada?

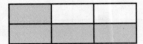

2. ¿Qué fracción indica la parte sombreada?

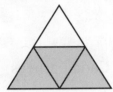

_____

Repaso en espiral

3. La semana pasada, Sarah anduvo en bicicleta 115 minutos. Jennie anduvo en bicicleta 89 minutos la semana pasada. ¿Cuántos minutos en total anduvieron en bicicleta las niñas?

_____

4. Harrison hizo un edificio con 124 bloques. Greyson hizo un edificio con 78 bloques. ¿Cuántos bloques más que Greyson usó Harrison?

_____

5. Von compró una bolsa de 24 golosinas para perros. Le da a su cachorrito 3 golosinas por día. ¿Cuántos días durará la bolsa de golosinas para perros?

6. ¿Cuántos estudiantes eligieron natación?

Actividad preferida	
Patinaje	☺ ☺
Natación	☺ ☺ ☺ ☺ ☺
Ciclismo	☺ ☺ ☺ ☺
Clave: Cada ☺ = 5 votos.	

_____

© Houghton Mifflin Harcourt Publishing Company

PRACTICA MÁS CON EL
Entrenador personal
en matemáticas

Nombre _____

Fracciones en la recta numérica

Pregunta esencial ¿Cómo puedes representar y ubicar fracciones en una recta numérica?

Objetivo de aprendizaje Usarás tiras fraccionarias para representar fracciones y reconocer que las fracciones son puntos en una recta numérica.

🔑 Soluciona el problema En el mundo

La familia de Billy va de su casa a la de su abuela. Se detienen en una gasolinera dos veces, después de recorrer $\frac{1}{4}$ y $\frac{3}{4}$ del camino. ¿Cómo puede representar Billy esas distancias en una recta numérica?

Puedes usar una recta numérica para indicar fracciones. La longitud que hay entre un número entero y el número entero que sigue representa un entero. La recta se puede dividir en cualquier número de partes iguales o longitudes iguales.

Idea matemática
Un punto en una recta numérica muestra el extremo de una longitud o distancia, desde el cero. Un número o una fracción pueden indicar la distancia.

🔒 Actividad Ubica fracciones en una recta numérica.

Materiales ■ tiras fraccionarias

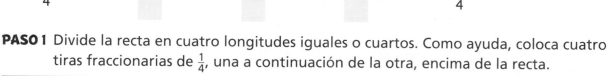

Casa de Billy
0

Casa de la abuela
1

$\frac{1}{4}$

$\frac{0}{4}$ $\frac{4}{4}$

PASO 1 Divide la recta en cuatro longitudes iguales o cuartos. Como ayuda, coloca cuatro tiras fraccionarias de $\frac{1}{4}$, una a continuación de la otra, encima de la recta.

PASO 2 Al final de cada tira, haz una marca en la recta.

PASO 3 Cuenta los cuartos que hay del cero al 1 para rotular las distancias desde el cero.

PASO 4 Piensa: $\frac{1}{4}$ es 1 de 4 longitudes iguales.
Marca un punto en $\frac{1}{4}$ para representar la distancia del 0 a $\frac{1}{4}$. Rotula el punto *G1*.

PASO 5 Piensa: $\frac{3}{4}$ son 3 de 4 longitudes iguales.
Marca un punto en $\frac{3}{4}$ para representar la distancia del 0 a $\frac{3}{4}$. Rotula el punto *G2*.

🔒 Ejemplo Completa la recta numérica para indicar el punto.

Materiales ■ lápices de colores

Escribe la fracción que indica el punto sobre la recta numérica.

Piensa: Esta recta numérica está dividida en seis longitudes iguales o sextos.

La longitud de una parte igual es _____.

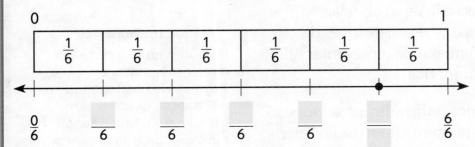

Sombrea las tiras fraccionarias para mostrar la ubicación del punto.

_____ de _____ longitudes iguales están sombreadas.

La longitud sombreada indica $\frac{5}{6}$.

Entonces, _____ indica el punto.

Comparte y muestra

MATH BOARD

1. Completa la recta numérica. Marca un punto para mostrar $\frac{2}{3}$.

Charla matemática

PRÁCTICAS Y PROCESOS MATEMÁTICOS 4

Representa ¿Qué representa la longitud que hay entre cada una de las marcas de esta recta numérica?

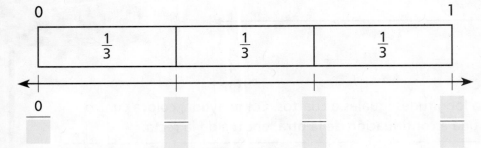

Escribe la fracción que indica el punto.

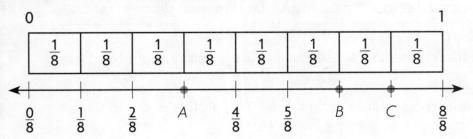

2. punto *A* _____

✓ **3.** punto *B* _____

✓ **4.** punto *C* _____

Nombre _____

Por tu cuenta

Usa tiras fraccionarias como ayuda para completar la recta numérica. Luego ubica y marca un punto para la fracción.

5. $\frac{2}{6}$

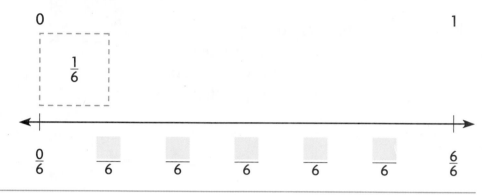

6. $\frac{2}{3}$

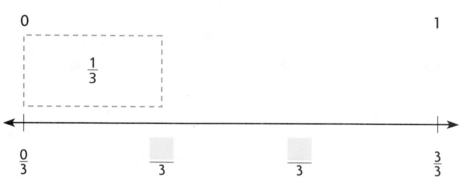

Escribe la fracción que indica el punto.

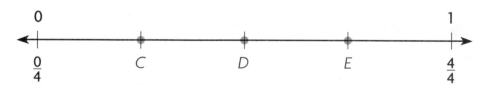

7. punto C _____

8. punto D _____

9. punto E _____

10. Hay un sendero en el parque. Cuatro vueltas alrededor del sendero conforman 1 milla de distancia. ¿Cuántas vueltas toma caminar $\frac{3}{4}$ de milla?

11. MÁS AL DETALLE Una receta para pasta es suficiente para ocho porciones. ¿Cuántas porciones pueden hacerse usando $\frac{4}{8}$ de cada ingrediente de la receta?

_____

_____

Soluciona el problema En el mundo

12. **PIENSA MÁS**   El lunes, Javia corrió 8 vueltas alrededor de la pista y completó un total de 1 milla. ¿Cuántas vueltas tendrá que correr el martes para completar $\frac{3}{8}$ de una milla?

a. ¿Qué debes hallar?

_____

_____

_____

b. ¿Cómo usarás lo que sabes acerca de rectas numéricas para resolver el problema?

_____

_____

_____

_____

c. **PRÁCTICAS Y PROCESOS MATEMÁTICOS ④**   **Usa modelos** Haz un modelo para resolver el problema.

d. Completa las oraciones.

Hay _____ vueltas en 1 milla.

Cada vuelta representa _____ de una milla.

_____ vueltas representan la distancia de tres octavos de milla.

Entonces, Javia tendrá que correr _____ vueltas para completar $\frac{3}{8}$ de una milla.

Entrenador personal en matemáticas

13. **PIENSA MÁS +**   Ubica y marca el punto *F* en la recta numérica para representar la fracción $\frac{2}{4}$.

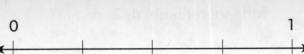

Nombre _____

Fracciones en la recta numérica

Objetivo de aprendizaje Usarás tiras fraccionarias para representar fracciones y reconocer que las fracciones son puntos en una recta numérica.

Usa tiras fraccionarias como ayuda para completar la recta numérica. Luego ubica y dibuja un punto para la fracción.

1. $\frac{1}{3}$

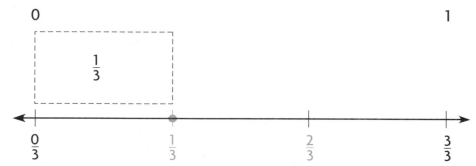

Escribe la fracción que indica el punto.

2. punto A _____

3. punto B _____

4. punto C _____

Resolución de problemas · En el mundo

5. Jade corrió 6 vueltas alrededor de su vecindario y recorrió 1 milla en total. ¿Cuántas vueltas debe correr para recorrer $\frac{5}{6}$ de milla?

_____

6. La fracción que falta en una recta numérica está ubicada exactamente en el medio de $\frac{3}{6}$ y $\frac{5}{6}$. ¿Cuál es la fracción que falta?

_____

7. **ESCRIBE** ▸ *Matemáticas* Explica las semejanzas y las diferencias entre mostrar fracciones con modelos y en una recta numérica.

_____

_____

Repaso de la lección

1. ¿Qué fracción indica el punto *G* en la recta numérica?

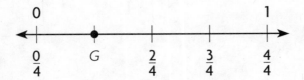

2. ¿Qué fracción indica el punto *R* en la recta numérica?

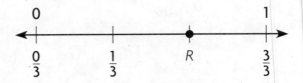

Repaso en espiral

3. En cada mesa de la cafetería se pueden sentar 10 estudiantes. ¿Cuántas mesas se necesitan para que se sienten 40 estudiantes?

4. Completa el enunciado numérico para mostrar un ejemplo de la Propiedad conmutativa de la multiplicación.

$$4 \times 9 = 36$$

5. Pedro sombreó parte de un círculo. ¿Qué fracción indica la parte sombreada?

6. Halla el cociente.

$$8 \div 1 = \boxed{}$$

PRACTICA MÁS CON EL
Entrenador personal
en matemáticas

Nombre _____

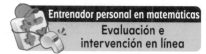

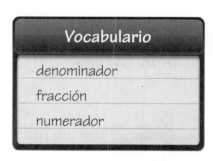

Vocabulario

Elige el término del recuadro que mejor corresponda
para completar la oración.

Vocabulario
denominador
fracción
numerador

1. Una _____ es un número que indica una
   parte de un entero o una parte de un grupo. (pág. 455)

2. El _____ indica cuántas partes iguales hay en
   el entero o en el grupo. (pág. 461)

Conceptos y destrezas

Escribe el número de partes iguales. Luego escribe el
nombre de las partes.

3.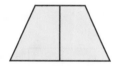

____ partes iguales

_____

4.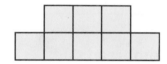

____ partes iguales

_____

5.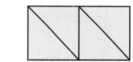

____ partes iguales

_____

Escribe el número de partes iguales que hay en el entero. Luego
escribe en números la fracción que indica la parte sombreada.

6.

____ partes iguales

_____

7.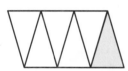

____ partes iguales

_____

8.

____ partes iguales

_____

Escribe la fracción que indica el punto.

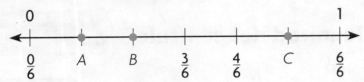

9. punto A _____

10. punto B _____

11. punto C _____

12. MÁS AL DETALLE Jessica pidió una pizza. ¿Qué fracción de la pizza tiene hongos? ¿Qué fracción de la pizza no tiene hongos?

_____

13. ¿Qué fracción indica la parte sombreada?

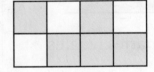

_____

14. Seis amigos se reparten 3 galletas de avena cuadradas en partes iguales. ¿Qué cantidad de galleta de avena recibe cada amigo?

_____

Relacionar fracciones y números enteros

Objetivo de aprendizaje Ubicarás y dibujarás puntos como fracciones y números enteros en una recta numérica y luego usarás los modelos para escribir fracciones mayores que 1.

Pregunta esencial ¿Cuándo podrías usar una fracción mayor que 1 o un número entero?

Soluciona el problema

Steve corrió 1 milla y Jenna corrió $\frac{4}{4}$ de una milla. ¿Corrieron la misma distancia Steve y Jenna?

Ubica 1 y $\frac{4}{4}$ en una recta numérica.

- Sombrea 4 longitudes de $\frac{1}{4}$ y rotula la recta numérica.

- Marca un punto en 1 y en $\frac{4}{4}$.

> **Idea matemática**
>
> Si dos números están ubicados en el mismo punto de la recta numérica, entonces son iguales y representan la misma distancia.

0				1
$\frac{1}{4}$	$\frac{1}{4}$	$\frac{1}{4}$	$\frac{1}{4}$	

$\frac{}{4}$ $\frac{}{}$ $\frac{}{4}$ $\frac{}{4}$ $\frac{}{4}$

Puesto que la distancia _____ y _____ terminan en el mismo punto, son iguales.

Entonces, Steve y Jenna corrieron la _____ distancia.

¡Inténtalo! **Completa la recta numérica. Ubica y marca puntos en $\frac{3}{6}$, $\frac{6}{6}$ y 1.**

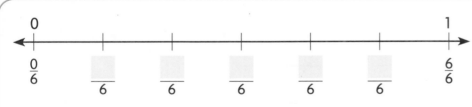

A ¿$\frac{3}{6}$ y 1 son iguales? Explícalo.

Piensa: ¿Las distancias terminan en el mismo punto?

_____

_____

Entonces, $\frac{3}{6}$ y 1 _____.

B ¿$\frac{6}{6}$ y 1 son iguales? Explícalo.

Piensa: ¿Las distancias terminan en el mismo punto?

_____

_____

Entonces, $\frac{6}{6}$ y 1 _____.

CONECTAR El número de partes iguales en que está dividido el entero es el denominador de una fracción. La cantidad de partes que se cuentan es el numerador. En una **fracción mayor que 1** el numerador es mayor que el denominador.

🔑 Ejemplos

Cada figura es 1 entero. Escribe un número entero y una fracción mayor que 1 para las partes que están sombreadas.

Recuerda

$\dfrac{4}{1}$ ← numerador
← denominador

A

Hay 2 enteros.

Cada entero está dividido en 4 partes iguales o cuartos. $2 = \dfrac{8}{4}$

Hay _____ partes iguales sombreadas.

B

Hay 3 enteros.

Cada entero está dividido en 1 parte igual. $3 = \dfrac{3}{1}$

Hay _____ partes iguales sombreadas.

1. Explica qué significa *cada entero está dividido en 1 parte igual* en el Ejemplo B.

_____

_____

Lee

Lee $\dfrac{3}{1}$ como *tres enteros*.

2. ¿Cómo divides un entero en 1 parte igual?

_____

_____

¡Inténtalo!

Cada figura es 1 entero. Escribe un número entero y una fracción mayor que 1 para las partes que están sombreadas.

476

© Houghton Mifflin Harcourt Publishing Company

Comparte y muestra

1. Cada figura es 1 entero. Escribe un número entero y una fracción mayor que 1 para las partes que están sombreadas.

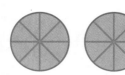

Hay _____ enteros.

Cada entero está dividido en _____ partes iguales.

Hay _____ partes iguales sombreadas.

$\square = \dfrac{\square}{\square}$

Usa la recta numérica para saber si los dos números son iguales. Escribe *son iguales* o *no son iguales*.

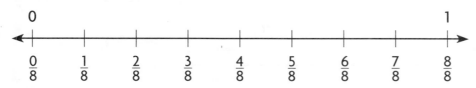

2. $\frac{1}{8}$ y $\frac{8}{8}$ _____

✓ **3.** $\frac{8}{8}$ y 1 _____

✓ **4.** 1 y $\frac{4}{8}$ _____

Por tu cuenta

Usa la recta numérica para saber si los dos números son iguales. Escribe *son iguales* o *no son iguales*.

Charla matemática

PRÁCTICAS Y PROCESOS MATEMÁTICOS ❶

Evalúa ¿Cómo sabes si las dos fracciones son o no son iguales cuando se usa una recta numérica?

5. $\frac{0}{3}$ y 1 _____

6. 1 y $\frac{2}{3}$ _____

7. $\frac{3}{3}$ y 1 _____

Cada figura es 1 entero. Escribe una fracción mayor que 1 para las partes que están sombreadas.

8.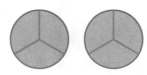
2 = _____

9.
1 = _____

10.
3 = _____

11.
2 = _____

PRÁCTICAS Y PROCESOS MATEMÁTICOS 6 **Hacer conexiones** Dibuja un modelo de la fracción o de la fracción mayor que 1. Luego escríbela como un número entero.

12. $\frac{8}{4} =$ _____

13. $\frac{6}{6} =$ _____

14. $\frac{5}{1} =$ _____

Resolución de problemas · Aplicaciones En el mundo

15. **MÁS AL DETALLE** Jeff recorrió en bicicleta una senda que medía $\frac{1}{3}$ de milla de longitud. Recorrió la senda 9 veces. Escribe una fracción mayor que 1 para la distancia. ¿Cuántas millas recorrió Jeff?

_____

16. **PIENSA MÁS** ¿Cuál es el error? Andrea dibujó esta recta numérica. Dijo que $\frac{9}{8}$ y 1 eran iguales. Explica su error.

```
0                                           1
├──┼──┼──┼──┼──┼──┼──┼──┼──●──→
   1   2   3   4   5   6   7   8   9
   ─   ─   ─   ─   ─   ─   ─   ─   ─
   8   8   8   8   8   8   8   8   8
```

_____

17. **PIENSA MÁS** Cada figura es 1 entero. ¿Qué números indican las partes que están sombreadas? Marca todas las respuestas que correspondan.

(A) 4

(C) $\frac{26}{6}$

(E) $\frac{6}{4}$

(B) 6

(D) $\frac{24}{6}$

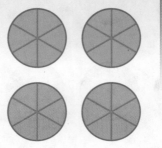

Relacionar fracciones y números enteros

Objetivo de aprendizaje Ubicarás y dibujarás puntos como fracciones y números enteros en una recta numérica y luego usarás los modelos para escribir fracciones mayores que 1.

Usa la recta numérica para saber si los dos números son iguales. Escribe *iguales* o *no iguales*.

1. $\frac{0}{6}$ y 1

2. 1 y $\frac{6}{6}$

3. $\frac{1}{6}$ y $\frac{6}{6}$

_____ no iguales _____

_____

_____

Cada figura es 1 entero. Escribe una fracción mayor que 1 para las partes sombreadas.

4.

1 = _____

5.

4 = _____

Resolución de problemas En el mundo

6. Rachel corrió por un sendero que medía $\frac{1}{4}$ de milla de longitud. Corrió por el sendero 8 veces. ¿Cuántas millas corrió Rachel en total?

_____

7. Jon corrió alrededor de una pista que medía $\frac{1}{8}$ de milla de longitud. Corrió alrededor de la pista 24 veces. ¿Cuántas millas corrió Jon en total?

_____

8. **ESCRIBE** ▸*Matemáticas* Escribe un problema que use una fracción mayor que 1.

_____

_____

Repaso de la lección

1. Cada figura es 1 entero. ¿Qué fracción mayor que 1 indica las partes sombreadas?

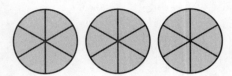

_____

2. Cada figura es 1 entero. ¿Qué fracción mayor que 1 indica las partes sombreadas?

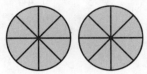

_____

Repaso en espiral

3. Sara tiene 598 monedas de 1¢ y 231 monedas de 5¢. ¿Cuántas monedas de 1¢ y de 5¢ tiene?

$$\begin{array}{r} 598 \\ + \ 231 \\ \hline \end{array}$$

_____

_____

4. Dylan leyó 6 libros. Kylie leyó el doble del número de libros que leyó Dylan. ¿Cuántos libros leyó Kylie?

_____

_____

5. Alyssa divide una barra de cereal en mitades. ¿Cuántas partes iguales hay?

_____

6. Hay 4 estudiantes en cada grupo pequeño de lectura. Si hay 24 estudiantes en total, ¿cuántos grupos de lectura hay?

_____

PRACTICA MÁS CON EL
Entrenador personal
en matemáticas

Nombre _____

Fracciones de un grupo

Pregunta esencial ¿De qué manera una fracción puede indicar una parte de un grupo?

Objetivo de aprendizaje Usarás fracciones para indicar las partes de un grupo.

🔑 Soluciona el problema En el mundo

Jake y Emma tienen una colección de canicas cada uno. ¿Qué fracción de cada colección es azul?

🔑 Puedes usar una fracción para indicar una parte de un grupo.

Canicas de Jake	**Canicas de Emma**

cantidad de canicas azules → ☐ ← numerador	cantidad de bolsas con canicas azules→ ☐ ← numerador
cantidad total → $\overline{8}$ ← denominador de canicas	cantidad total→ $\overline{4}$ ← denominador de bolsas

Lee: tres octavos o tres de ocho

Lee: un cuarto o una de cuatro

Escribe: $\frac{3}{8}$

Escribe: $\frac{1}{4}$

Entonces, _____ de las canicas de Jake son azules.

Entonces, _____ de las canicas de Emma son azules.

¡Inténtalo! Indica una parte de un grupo.

Dibuja 2 fichas rojas y 6 fichas amarillas.

Escribe la fracción correspondiente a las fichas rojas.

☐ ← cantidad de fichas rojas
— ← cantidad total de fichas

Escribe la fracción correspondiente a las fichas que no son rojas.

☐ ← cantidad de fichas amarillas
— ← cantidad total de fichas

Entonces, _____ de las fichas son rojas y _____ no son rojas.

Fracciones mayores que 1

A veces, una fracción puede indicar más de un grupo entero.

Daniel colecciona pelotas de béisbol. Hasta el momento, reunió 8 pelotas. Las guarda en cajas con capacidad para 4 pelotas cada una. ¿Qué parte de las cajas llenó Daniel?

Piensa: 1 caja = 1

Daniel tiene dos cajas completas con 4 pelotas cada una.

Entonces, Daniel llenó 2 u $\frac{8}{4}$ de cajas.

¡Inténtalo! Completa el número entero y la fracción mayor que 1 para indicar la parte completa.

A

Piensa: 1 bandeja = 1

_____ o $\frac{}{6}$

B

Piensa: 1 caja = 1

_____ o $\frac{}{8}$

![MATH BOARD] **Comparte y muestra**

1. ¿Qué fracción de las fichas son rojas? _____

Piensa: ¿Cuántas fichas rojas hay?
¿Cuántas fichas hay en total?

Charla matemática — PRÁCTICAS Y PROCESOS MATEMÁTICOS ⑥

Explica otra manera de indicar la fracción para el Ejercicio 3.

Escribe una fracción para indicar la parte roja de cada grupo.

2.   _____

3.    _____

Escribe un número entero y una fracción mayor que 1 para indicar la parte completa.

4.

Piensa: 1 cartón = 1

_____

✓ **5.**

Piensa: 1 recipiente = 1

_____

Por tu cuenta

Escribe una fracción para indicar la parte azul de cada grupo.

6.  _____

7.  _____

8.   _____

9.  _____

Escribe un número entero y una fracción mayor que 1 para indicar la parte completa.

10.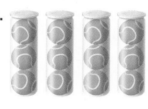

Piensa: 1 recipiente = 1

_____

11. PIENSA MÁS

Piensa: 1 cartón = 1

_____

Haz un dibujo rápido en tu tablero de matemáticas. Luego escribe una fracción para indicar la parte sombreada.

12. Dibuja 8 círculos.
Sombrea 8 círculos.

13. Dibuja 8 triángulos.
Haz 4 grupos.
Sombrea 1 grupo.

14. Dibuja 4 rectángulos.
Sombrea 2 rectángulos.

_____ | _____ | _____

Resolución de problemas · Aplicaciones (En el mundo)

Usa la gráfica para resolver los problemas 15 y 16.

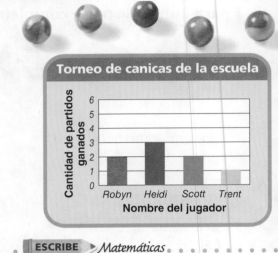

Torneo de canicas de la escuela

15. **MÁS AL DETALLE** En la gráfica de barras, se muestran los ganadores del torneo de canicas de la Escuela Primaria Smith. ¿Cuántos partidos se jugaron? ¿Qué fracción de los partidos ganó Scott?

_____ _____

16. **PRÁCTICAS Y PROCESOS MATEMÁTICOS 1** **Analiza** ¿Qué fracción de los partidos NO ganó Robyn?

_____

17. **PIENSA MÁS** Li tiene 6 canicas, de las cuales $\frac{1}{3}$ son azules. El resto son rojas. Haz un dibujo para mostrar las canicas de Li.

18. **ESCRIBE** ▸ *Matemáticas* **¿Cuál es la pregunta?** En una bolsa hay 2 cubos amarillos, 3 cubos azules y 1 cubo blanco. La respuesta es $\frac{1}{6}$.

_____

_____

19. **PIENSA MÁS** Makayla recogió algunas flores. ¿Qué fracción de sus flores son amarillas o rojas? ¿Qué fracción de las flores NO son amarillas o rojas? Muestra tu trabajo.

_____

Fracciones de un grupo

Objetivo de aprendizaje Usarás fracciones para indicar las partes de un grupo.

Escribe una fracción para indicar la parte sombreada de cada grupo.

1.

$\frac{6}{8}$ o $\frac{3}{4}$ _____

2.

_____

Escribe un número entero y una fracción mayor que 1 para indicar la parte completa. Piensa: 1 recipiente = 1

3.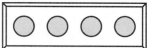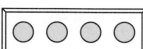

4.

_____   _____

Haz un dibujo rápido. Luego escribe una fracción para indicar la parte sombreada del grupo.

5. Dibuja 4 círculos.
Sombrea 2 círculos.

6. Dibuja 6 círculos.
Haz 3 grupos.
Sombrea 1 grupo.

_____   _____

Resolución de problemas

7. Brian tiene 3 tarjetas de básquetbol y 5 tarjetas de béisbol. ¿Qué fracción de las tarjetas de Brian son tarjetas de béisbol?

_____

8. **ESCRIBE** ▸ *Matemáticas* Dibuja un grupo de objetos donde puedas hallar una parte fraccionaria del grupo usando el número total de objetos y usando subgrupos.

_____

Repaso de la lección

1. ¿Qué fracción del grupo está sombreada?

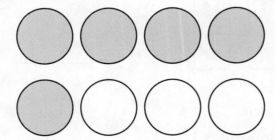

_____

2. ¿Qué fracción del grupo está sombreada?

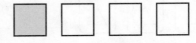

_____

Repaso en espiral

3. ¿Qué enunciado numérico de multiplicación representa la matriz?

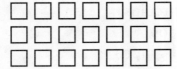

_____

_____

_____

4. Juan tiene 436 tarjetas de béisbol y 189 tarjetas de fútbol americano. ¿Cuántas tarjetas más de béisbol que de fútbol americano tiene?

_____

_____

5. Sydney compró 3 frascos de purpurina. Cada frasco de purpurina costó $6. ¿Cuánto gastó Sydney en los frascos de purpurina en total?

_____

6. Suma.

$$\begin{array}{r} 262 \\ + 119 \\ \hline \end{array}$$

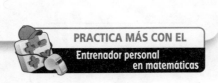

PRACTICA MÁS CON EL
Entrenador personal en matemáticas

Hallar una parte de un grupo usando fracciones unitarias

Objetivo de aprendizaje Usarás fichas de dos colores para representar y hallar las partes de un grupo.

Nombre _____

Pregunta esencial ¿De qué manera una fracción puede indicar cuántos elementos hay en una parte de un grupo?

 Soluciona el problema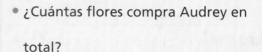

Audrey compra un ramo de 12 flores. Un tercio de las flores son rojas. ¿Cuántas flores rojas hay en el ramo?

- ¿Cuántas flores compra Audrey en total? _____
- ¿Qué fracción de las flores son rojas? _____

Actividad

Materiales ■ fichas de dos colores ■ tablero de matemáticas

- Coloca 12 fichas en tu tablero de matemáticas.
- Puesto que quieres hallar $\frac{1}{3}$ del grupo, debe haber

  _____ grupos iguales. Dibuja las fichas abajo.

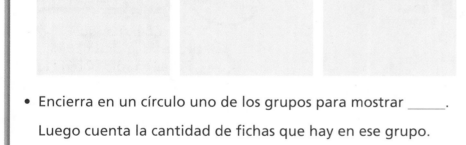

- Encierra en un círculo uno de los grupos para mostrar _____.
  Luego cuenta la cantidad de fichas que hay en ese grupo.

Hay _____ fichas en 1 grupo. $\frac{1}{3}$ de 12 = _____

Entonces, hay _____ flores rojas.

- ¿Qué pasaría si Audrey comprara un ramo de 9 flores y un tercio de ellas fueran amarillas? Usa tu tablero de matemáticas y las fichas para hallar cuántas flores amarillas habría.

_____

Charla matemática PRÁCTICAS Y PROCESOS MATEMÁTICOS ③

Aplica ¿Cómo puedes usar el numerador y el denominador de una fracción para hallar una parte de un grupo?

¡Inténtalo! Halla una parte de un grupo.

Raúl recoge 20 flores del jardín de su mamá.
Un cuarto de las flores son moradas. ¿Cuántas
flores son moradas?

PASO 1 Dibuja una hilera de 4 fichas.

Piensa: Para hallar $\frac{1}{4}$, forma 4 grupos iguales.

_____

PASO 2 Sigue dibujando hileras de 4 fichas hasta
llegar a 20 fichas.

_____

PASO 3 Luego encierra en un círculo _____ grupos iguales.

Piensa: Cada grupo representa $\frac{1}{4}$ de las flores.

$\frac{1}{4}$ $\frac{1}{4}$ $\frac{1}{4}$ $\frac{1}{4}$

Hay _____ fichas en 1 grupo.

$\frac{1}{4}$ de 20 = _____

Entonces, hay _____ flores moradas.

Comparte y muestra MATH BOARD

Charla matemática PRÁCTICAS Y PROCESOS MATEMÁTICOS 6

Describe ¿Por qué cuentas la cantidad de fichas en solo uno de los grupos cuando calculas $\frac{1}{2}$ de cualquier número?

1. Usa el modelo para hallar $\frac{1}{2}$ de 8. _____

   Piensa: ¿Cuántas fichas hay en 1 de los 2 grupos iguales?

**Encierra grupos iguales en un círculo para resolver
los ejercicios. Cuenta la cantidad de flores que
hay en 1 grupo.**

2. $\frac{1}{4}$ de 8 = _____

3. $\frac{1}{3}$ de 6 = _____

4. $\frac{1}{6}$ de 12 = _____

Nombre _____

Por tu cuenta

Encierra grupos iguales en un círculo para resolver los ejercicios. Cuenta el número de flores que hay en 1 grupo.

5. $\frac{1}{4}$ de 12 = _____

6. $\frac{1}{3}$ de 15 = _____

7. $\frac{1}{4}$ de 16 = _____

8. $\frac{1}{6}$ de 30 = _____

9. $\frac{1}{3}$ de 12 = _____

10. PIENSA MÁS

$\frac{1}{2}$ de 6 = _____

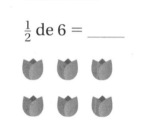

PIENSA MÁS **Dibuja fichas. Luego encierra grupos iguales en un círculo para resolver los ejercicios.**

11. $\frac{1}{8}$ de 16 = _____

12. $\frac{1}{6}$ de 24 = _____

13. MÁS AL DETALLE Gerry tiene 50 tarjetas deportivas para intercambiar. De ellas, $\frac{1}{5}$ son de béisbol, $\frac{1}{10}$ son de fútbol americano y el resto son tarjetas de básquetbol. ¿Cuántas tarjetas más de básquetbol que tarjetas de béisbol tiene Gerry?

14. MÁS AL DETALLE Bárbara tiene un jardín variado que tiene 16 hileras de diferentes flores y verduras. Un cuarto de las hileras son de lechuga, $\frac{1}{8}$ de las hileras son de calabazas y $\frac{1}{2}$ de las hileras son tulipanes rojos. Las otras hileras son de zanahorias. ¿Cuantas hileras de zanahorias hay en el jardín de Bárbara?

Resolución de problemas • Aplicaciones

Usa la tabla para resolver los problemas 15 y 16.

Semillas de flores que compraron	
Nombre	Cantidad de paquetes
Ryan	8
Brooke	12
Pablo	20

15. **PRÁCTICAS Y PROCESOS MATEMÁTICOS ④ Usa diagramas** Un cuarto de los paquetes de semillas que compró Ryan son semillas de violeta. ¿Cuántos paquetes de semillas de violeta compró Ryan? Dibuja fichas para resolver el problema.

_____

ESCRIBE ▶ *Matemáticas*
Muestra tu trabajo

16. **MÁS AL DETALLE** Un tercio de los paquetes de semillas de Brooke y un cuarto de los paquetes de Pablo son semillas de margarita. ¿Cuántos paquetes de semillas de margarita compraron en total? Explica cómo lo sabes.

_____

_____

_____

17. **PIENSA MÁS ¿Tiene sentido?** Sofía compró 12 ollas. Un sexto de ellas son verdes. Sofía dice que compró 2 ollas verdes. ¿Tiene sentido su respuesta? Explica cómo lo sabes.

_____

_____

_____

Entrenador personal en matemáticas

18. **PIENSA MÁS ➕** Un florista tiene 24 girasoles en un recipiente. La señora Mason compra $\frac{1}{4}$ de las flores. El señor Kim compra $\frac{1}{3}$ de las flores. ¿Cuántos girasoles quedan? Explica cómo resolviste el problema.

_____

_____

_____

Hallar una parte de un grupo usando fracciones unitarias

Objetivo de aprendizaje Usarás fichas de dos colores para representar y hallar las partes de un grupo.

Encierra grupos iguales en un círculo para resolver los ejercicios. Cuenta la cantidad de objetos que hay en 1 grupo.

1. $\frac{1}{4}$ de 12 = ___3___

2. $\frac{1}{8}$ de 16 = _____

3. $\frac{1}{3}$ de 12 = _____

4. $\frac{1}{3}$ de 9 = _____

Resolución de problemas

5. Marco hizo 24 dibujos. Dibujó $\frac{1}{6}$ de ellos en la clase de arte. ¿Cuántos dibujos hizo Marco en la clase de arte?

_____

6. Caroline tiene 16 canicas. Un octavo de las canicas son azules. ¿Cuántas canicas azules tiene Caroline?

_____

7. **ESCRIBE** ▸ *Matemáticas* Explica cómo hallar cuál es el mayor: $\frac{1}{4}$ de 12 o $\frac{1}{3}$ de 12.

_____

_____

Repaso de la lección

1. La Sra. Davis hizo 12 mantas para sus nietos. Un tercio de las mantas son azules. ¿Cuántas mantas azules hizo?

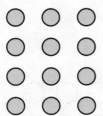

_____

2. Jackson cortó el césped en 16 jardines. Un cuarto de los jardines están en la calle Main. ¿En cuántos jardines de la calle Main cortó el césped Jackson?

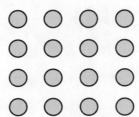

_____

Repaso en espiral

3. Halla la diferencia.

$$509$$
$$-175$$

4. Halla el cociente.

$$6\overline{)54}$$

_____

5. Hay 226 mascotas anotadas en la exhibición de mascotas. ¿Cuánto es 226 redondeado a la centena más próxima?

_____

6. Ladonne hizo 36 panecillos. Colocó el mismo número de panecillos en 4 platos. ¿Cuántos panecillos colocó en cada plato?

_____

PRACTICA MÁS CON EL
Entrenador personal
en matemáticas

Resolución de problemas • Hallar el grupo entero a partir de fracciones unitarias

Pregunta esencial ¿Cómo puedes usar la estrategia *hacer un diagrama* para resolver problemas con fracciones?

Objetivo de aprendizaje Usarás la estrategia *hacer un diagrama* para hallar las partes de un grupo usando fichas.

🔑 Soluciona el problema En el mundo

Cameron tiene 4 peces payaso en una pecera. Un tercio de los peces de la pecera son peces payaso. ¿Cuántos peces tiene Cameron en la pecera?

Usa el organizador gráfico como ayuda para resolver el problema.

Lee el problema	Resuelve el problema
¿Qué debo hallar? Debo hallar _____ hay en la pecera de Cameron.	**Describe cómo hacer un diagrama para resolver el problema.** El denominador de $\frac{1}{3}$ indica que hay _____ partes iguales en el grupo. Dibujo 3 círculos para mostrar _____ partes iguales. Como 4 peces son $\frac{1}{3}$ del grupo, dibujo _____ fichas en el primer círculo.
¿Qué información debo usar? Cameron tiene _____ peces payaso. _____ de los peces de la pecera son peces payaso.	Como hay _____ fichas en el primer círculo, dibujo _____ fichas en cada círculo restante. Luego hallo el total de fichas.
¿Cómo usaré la información? Usaré la información del problema para hacer un _____.	Entonces, Cameron tiene _____ peces en la pecera.

🔓 Haz otro problema

En una tienda de mascotas hay 2 conejos grises. Un octavo de los conejos de la tienda son grises. ¿Cuántos conejos hay en la tienda?

Lee el problema	Resuelve el problema
¿Qué debo hallar?	
¿Qué información debo usar?	
¿Cómo usaré la información?	

1. **PRÁCTICAS Y PROCESOS MATEMÁTICOS ⑧** **Saca conclusiones** ¿Cómo sabes que tu respuesta es razonable?

_____

_____

2. ¿Cómo te ayudó el diagrama a resolver el problema? _____

_____

Charla matemática

PRÁCTICAS Y PROCESOS MATEMÁTICOS ①

Entender los problemas Supón que $\frac{1}{2}$ de los conejos son grises. ¿Cómo puedes hallar la cantidad de conejos que hay en la tienda de mascotas?

Nombre _____

1. Lily tiene 3 juguetes rojos para perros. Un cuarto de todos sus juguetes para perros son rojos. ¿Cuántos juguetes para perros tiene Lily?

Primero, dibuja _____ círculos para mostrar

_____ partes iguales.

A continuación, dibuja _____ juguetes en _____ círculo,

puesto que _____ círculo representa la cantidad de juguetes rojos.

Por último, dibuja _____ juguetes en cada uno de los círculos restantes. Halla la cantidad total de juguetes.

Entonces, Lily tiene _____ juguetes para perros.

2. PIENSA MÁS ¿Qué pasaría si Lily tuviera 4 juguetes rojos? ¿Cuántos juguetes para perros tendría en total?

_____

3. En la tienda de mascotas se venden bolsas de alimento para mascotas. Hay 4 bolsas de alimento para gatos. Un sexto de las bolsas de alimento son bolsas de alimento para gatos. ¿Cuántas bolsas de alimento para mascotas hay en la tienda de mascotas?

_____

4. Rachel tiene 2 periquitos. Un cuarto de todas sus aves son periquitos. ¿Cuántas aves tiene Rachel?

_____

Por tu cuenta

5. **PIENSA MÁS** Antes del almuerzo, Abigaíl y Teresa leen cada una algunas páginas de libros diferentes. Abigaíl leyó 5 o un quinto, de las páginas de su libro. Teresa leyó 6 o un sexto, de las páginas de su libro. ¿Cuál de los dos libros tenía más páginas? ¿Cuántas páginas más?

_____

6. **PRÁCTICAS Y PROCESOS MATEMÁTICOS ②** **Representa un problema** Seis amigos comparten 5 pasteles de carne. Cada amigo primero come la mitad de un pastel de carne. ¿Cuánto pastel de carne más tiene que comer cada uno para que terminen todos los pasteles y coman todos partes iguales? Haz un dibujo rápido para resolver el problema.

_____

7. **MÁS AL DETALLE** Braden compró 4 paquetes de golosinas para perros. Le dio 4 golosinas al perro del vecino. Ahora le quedan 24 golosinas para su perro. ¿Cuántas golosinas para perros había en cada paquete? Explica cómo lo sabes.

_____

_____

_____

_____

ESCRIBE ▸ *Matemáticas* · **Muestra tu trabajo**

8. **PIENSA MÁS** Dos sombreros son $\frac{1}{3}$ del grupo. ¿Cuántos sombreros hay en total en el grupo?

 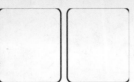

_____ sombreros

Resolución de problemas • Hallar el grupo entero a partir de fracciones unitarias

Objetivo de aprendizaje Usarás la estrategia de *hacer un diagrama* para hallar las partes de un grupo usando fichas.

Haz un dibujo rápido para resolver los problemas.

1. Katrina tiene 2 cintas azules para el cabello. Un cuarto de todas sus cintas son azules. ¿Cuántas cintas tiene Katrina en total?

_____ 8 cintas _____

2. Un octavo de los libros de Tony son de misterio. Tiene 3 libros de misterio. ¿Cuántos libros tiene Tony en total?

_____

3. Brianna tiene 4 pulseras rosadas. Un tercio de todas sus pulseras son rosadas. ¿Cuántas pulseras tiene Brianna?

_____

4. Romeo completó 3 páginas de su álbum de estampillas. Esto es un sexto de las páginas del álbum. ¿Cuántas páginas hay en el álbum de estampillas de Romeo?

_____

5. La semana pasada, Jeff ayudó a reparar la mitad de las bicicletas de una tienda de bicicletas. Si Jeff reparó 5 bicicletas, ¿cuántas bicicletas se repararon en total en la tienda de bicicletas la semana pasada?

_____

6. **ESCRIBE** ▸*Matemáticas* Escribe un problema sobre un grupo de objetos de tu salón de clases. Indica cuántos hay en una parte igual del grupo. Resuelve tu problema. Haz un dibujo como ayuda.

_____

_____

Repaso de la lección

1. En un zoológico hay 2 leones machos. Un sexto de los leones son machos. ¿Cuántos leones hay en el zoológico?

    _____

2. Max tiene 5 carros de juguete de color rojo. Un tercio de sus carros de juguete son rojos. ¿Cuántos carros de juguete tiene Max?

    _____

Repaso en espiral

3. Hay 382 árboles en el parque local. ¿Cuál es el número de árboles redondeado a la centena más próxima?

    _____

4. La familia Jones va a recorrer 458 millas durante las vacaciones. Hasta ahora, recorrieron 267 millas. ¿Cuántas millas les quedan por recorrer?

    $$\begin{array}{r} 458 \\ -\ 267 \\ \hline \end{array}$$

    _____

5. Ken tiene canicas de 6 colores diferentes. Tiene 9 canicas de cada color. ¿Cuántas canicas tiene Ken en total?

    _____

6. Ocho amigos se reparten dos pizzas en partes iguales. ¿Qué cantidad de pizza obtiene cada amigo?

    _____

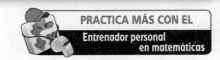

PRACTICA MÁS CON EL
Entrenador personal
en matemáticas

Nombre _____

✓Repaso y prueba del Capítulo 8

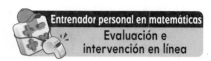

1. Cada figura está dividida en partes iguales. Elige las figuras que muestran tercios. Marca todas las respuestas que correspondan.

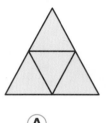 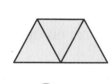 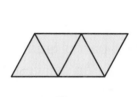 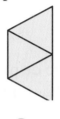

(A) (B) (C) (D)

2. ¿Qué fracción indica la parte sombreada de la figura?

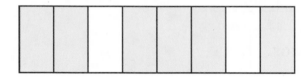

(A) 8 sextos

(B) 8 octavos

(C) 6 octavos

(D) 2 sextos

3. Omar sombreó un modelo para representar la parte del césped que terminó de cortar. ¿Qué fracción indica la parte sombreada? Explica cómo sabes de qué manera escribir esa fracción.

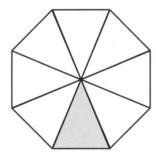

_____

_____

Opciones de evaluación
Prueba del capítulo

4. ¿Qué fracción indica el punto *A* en la recta numérica?

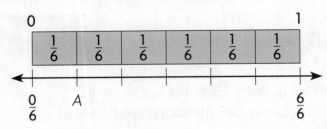

_____

5. Jamal dobló este pedazo de papel en partes iguales. Encierra en un círculo la palabra que hace que la oración sea verdadera.

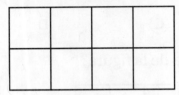

El papel está doblado en
sextos
octavos
cuartos

6. Caleb tomó 18 fotografías en el zoológico. Un sexto de sus fotografías son de jirafas. ¿Cuántas de las fotografías de Caleb son de jirafas?

_____ fotografías

7. Tres maestros se reparten 2 paquetes de hojas en partes iguales.

¿Qué cantidad de papel recibe cada maestro? Marca todas las respuestas que correspondan.

Ⓐ 3 mitades de un paquete

Ⓑ 2 tercios de un paquete

Ⓒ 3 sextos de un paquete

Ⓓ 1 mitad de un paquete

Ⓔ 1 tercio de un paquete

Nombre _____

8. Lilly sombreó este diseño.

Elige un número de cada columna para indicar la parte del dibujo que sombreó Lilly.

Numerador	Denominador
○ 1	○ 3
○ 3	○ 4
○ 5	○ 5
○ 6	○ 6

9. Marcus horneó un pan de banana para una fiesta. Cortó el pan en trozos del mismo tamaño. Al final de la fiesta, sobraron 6 trozos. Explica cómo puedes hallar el número de trozos que tenía el pan entero si Marcus te contó que sobró $\frac{1}{3}$ del pan. Haz un dibujo para representar tu trabajo.

_____

_____

_____

_____

10. El modelo muestra un entero. ¿Qué fracción del modelo NO está sombreada?

_____

11. Amy y Thea representan juntas $\frac{1}{4}$ de las mediocampistas de su equipo de fútbol. ¿Cuántas mediocampistas hay en el equipo? Muestra tu trabajo.

_____ mediocampistas

12. Seis amigos se reparten 4 manzanas en partes iguales. ¿Cuántas manzanas recibe cada amigo?

_____

13. Cada figura es 1 entero.

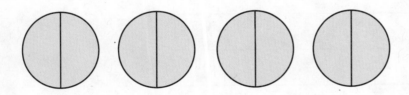

Para los números 13a a 13e, elige Sí o No para indicar si el número representa las partes sombreadas.

13a. 4   ○ Sí   ○ No

13b. 8   ○ Sí   ○ No

13c. $\frac{8}{2}$ ○ Sí   ○ No

13d. $\frac{8}{4}$ ○ Sí   ○ No

13e. $\frac{2}{8}$ ○ Sí   ○ No

14. Álex tiene 3 pelotas de béisbol. Lleva 2 pelotas a la escuela. ¿Qué fracción de sus pelotas de béisbol lleva Álex a la escuela?

_____

15. **MÁS AL DETALLE**   Janeen y Nicole prepararon cada una ensalada de frutas para un evento escolar.

Parte A

Janeen usó 16 frutas para hacer su ensalada. Si $\frac{1}{4}$ de las frutas eran duraznos, ¿cuántos duraznos usó? Haz un dibujo para mostrar tu trabajo.

_____ duraznos

Parte B

Nicole usó 24 frutas. Si $\frac{1}{6}$ eran duraznos, ¿cuántos duraznos usaron Janeen y Nicole en total para hacer las ensaladas de frutas? Explica cómo hallaste la respuesta.

_____

_____

_____

16. En el auditorio hay 8 hileras de sillas. Tres de las hileras están vacías. ¿Qué fracción de las hileras están vacías?

_____

17. Ayer Tara dio 3 vueltas a su vecindario corriendo, lo que en total es igual a 1 milla. Hoy quiere correr $\frac{2}{3}$ milla. ¿Cuántas vueltas deberá dar a su vecindario?

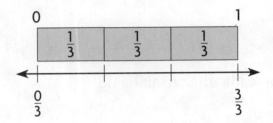

_____ vueltas

18. Gary pintó algunas figuras.

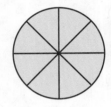 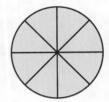 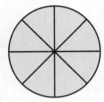

Elige un número de cada columna que represente una fracción mayor que 1 que indique las partes que pintó Gary.

Numerador	Denominador
○ 3	○ 3
○ 4	○ 4
○ 8	○ 8
○ 24	○ 24

Entrenador personal en matemáticas

19. **PIENSA MÁS** Ángelo anduvo en bicicleta por un sendero que cubría una distancia de $\frac{1}{4}$ de milla. Recorrió el sendero 8 veces. Ángelo dice que en total recorrió $\frac{8}{4}$ millas. Teresa dice que está equivocado y que él en realidad recorrió 2 millas. ¿Quién tiene razón? Usa palabras y dibujos para explicar cómo lo sabes.

_____

_____

_____

_____

_____

Comparar fracciones

 Muestra lo que sabes

Comprueba si comprendes las destrezas importantes.

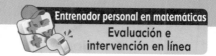
Entrenador personal en matemáticas
Evaluación e intervención en línea

Nombre _____

▶ **Mitades y cuartos**

1. Halla la figura que está dividida en 2 partes iguales. Colorea $\frac{1}{2}$.

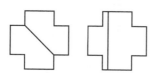

2. Halla la figura que está dividida en 4 partes iguales. Colorea $\frac{1}{4}$.

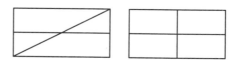

▶ **Partes de un entero** Escribe la cantidad de partes sombreadas y la cantidad de partes iguales.

3. ____ partes sombreadas

____ partes iguales

4. ____ partes sombreadas

____ partes iguales

▶ **Fracciones de un entero**

Escribe la fracción que indica la parte sombreada de cada figura.

5.  ____

6. ____

7. ____

 **Matemáticas** En el mundo

Hannah guarda sus canicas en bolsas que contienen 4 canicas cada una. Escribe $\frac{3}{4}$ para mostrar la cantidad de canicas rojas que hay en cada bolsa. Halla otra fracción que indique la cantidad de canicas rojas que hay en 2 bolsas.

© Houghton Mifflin Harcourt Publishing Company

Desarrollo del vocabulario

▶ Visualízalo

Completa el diagrama de flujo con las palabras marcadas con ✓.

Fracciones y números enteros

¿Qué es? → **¿Cuáles son algunos ejemplos?**

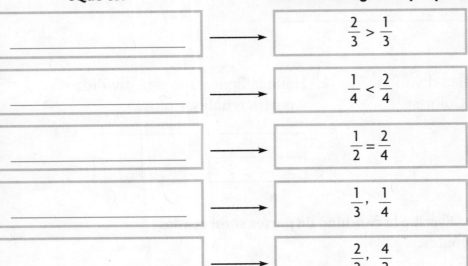

¿Qué es?	¿Cuáles son algunos ejemplos?
_____	$\dfrac{2}{3} > \dfrac{1}{3}$
_____	$\dfrac{1}{4} < \dfrac{2}{4}$
_____	$\dfrac{1}{2} = \dfrac{2}{4}$
_____	$\dfrac{1}{3}, \dfrac{1}{4}$
_____	$\dfrac{2}{2}, \dfrac{4}{2}$

Palabras de repaso

- comparar
- cuartos
- denominador
- fracción
- ✓ fracciones unitarias
- igual a (=)
- ✓ mayor que (>)
- ✓ menor que (<)
- mitades
- numerador
- ✓ números enteros
- octavos
- orden
- partes iguales
- sextos
- tercios

Palabra nueva

- ✓ fracciones equivalentes

▶ Comprende el vocabulario

Escribe palabras de repaso o palabras nuevas para resolver el acertijo.

1. Somos dos fracciones que indican la misma cantidad.

   _____

2. Soy la parte de una fracción que está sobre la línea. Indico cuántas partes se están contando.

   _____

3. Soy la parte de una fracción que está debajo de la línea. Indico cuántas partes iguales hay en el entero o en el grupo.

   _____

- Libro interactivo del estudiante
- Glosario multimedia

Vocabulario del Capítulo 9

denominador

denominator

10

fracción unitaria

unit fraction

25

fracciones equivalentes

equivalent fractions

26

mayor que

greater than ($>$)

40

menor que

less than ($<$)

43

numerador

numerator

48

octavos

Eighths

51

partes iguales

Equal Parts

56

Una fracción que tiene 1 en su parte superior o numerador

Ejemplo: $\frac{1}{3}$ es una fracción unitaria

La parte de una fracción debajo de la línea que indica cuántas partes iguales hay en el todo o en el grupo

Ejemplo: $\frac{1}{5}$ ← denominador

Un símbolo que se usa para comparar dos números cuando el mayor de los números se da primero

Ejemplo:
6 > 4 se lee como "seis es mayor que cuatro".

Dos o más fracciones que denotan la misma cantidad

Ejemplo: $\frac{1}{2}$ y $\frac{3}{6}$ son fracciones equivalentes

La parte de una fracción sobre la línea que indica cuántas partes se están contando

Ejemplo: $\frac{1}{5}$ ← numerador

Un símbolo que se usa para comparar dos números cuando el menor de los números se da primero

Ejemplo:
3 < 7 se lee como "tres es menor que siete".

Partes que son exactamente del mismo tamaño

6 partes iguales

Estos son octavos

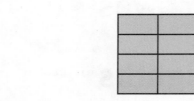

¡Toma una!

Para 3 jugadores

Materiales

- 4 juegos de tarjetas de palabras

Instrucciones

1. Se reparten 5 tarjetas a cada jugador. Formen un montón con las tarjetas restantes.

2. Cuando sea tu turno, pregunta a algún jugador si tiene una palabra que coincide con una de tus tarjetas de palabras.

3. Si el jugador tiene la palabra, te da la tarjeta de palabras y tú debes definir la palabra.

   - Si acertaste, quédate con la tarjeta y coloca el par que coincide frente a ti. Vuelve a jugar.
   - Si estás equivocado, devuelve la tarjeta. Tu turno terminó.

4. Si el jugador no tiene la palabra, contesta: "¡Toma una!". Tomas una tarjeta del montón.

5. Si la tarjeta que obtuviste coincide con una de tus tarjetas de palabras, sigue las instrucciones del Paso 3. Si no coincide, tu turno terminó.

6. El juego terminará cuando un jugador se quede sin tarjetas. Ganará la partida el jugador con la mayor cantidad de pares.

Recuadro de palabras

denominador

fracciones equivalentes

fracciones unitarias

mayor que (>)

menor que (<)

numerador

octavos

partes iguales

Escríbelo

Reflexiona

Elige una idea. Escribe sobre ella.

- Juan nadó $\frac{3}{5}$ de milla, y Greg nadó $\frac{3}{8}$ de milla. Explica cómo sabes quién nadó más lejos.
- Explica cómo comparar dos fracciones.
- Escribe dos ejemplos de fracciones equivalentes y explica cómo sabes que son equivalentes.

Nombre _____

Resolución de problemas •
Comparar fracciones

Pregunta esencial ¿Cómo puedes usar la estrategia *representar* para resolver problemas de comparación?

Objetivo de aprendizaje Usarás la estrategia *representar* para resolver problemas de comparación representando y comparando con tiras fraccionarias y círculos fraccionarios.

? Soluciona el problema En el mundo

Mary y Vincent escalaron una pared de roca en el parque. Mary escaló $\frac{3}{4}$ de la pared. Vincent escaló $\frac{3}{8}$ de la pared. ¿Quién escaló más alto?

Puedes representar el problema con manipulativos como ayuda para comparar fracciones.

Recuerda

< es menor que

> es mayor que

= es igual a

Manos a la obra

Lee el problema

¿Qué debo hallar?

_____

¿Qué información debo usar?

Mary escaló _____ de la pared.

Vincent escaló _____ de la pared.

¿Cómo usaré la información?

Usaré _____ y _____

la longitud de los modelos para hallar quién

escaló _____.

Resuelve el problema

Anota los pasos que seguiste para resolver el problema.

1

$\frac{1}{4}$	$\frac{1}{4}$	$\frac{1}{4}$

$\frac{1}{8}$	$\frac{1}{8}$	$\frac{1}{8}$

Compara las dos longitudes.

____ ◯ ____

La longitud del modelo que representa $\frac{3}{4}$

es _____ que la longitud del modelo que

representa $\frac{3}{8}$.

Entonces, _____ escaló más alto en la pared de roca.

 Charla matemática

PRÁCTICAS Y PROCESOS MATEMÁTICOS ④

Representa Cuando comparas fracciones con una tira fraccionaria, ¿cómo sabes cuál es la menor de las fracciones?

🔐 Haz otro problema

En el campamento, los estudiantes están decorando círculos de papel para hacer manteles individuales. Tracy terminó $\frac{3}{6}$ de su mantel. Kim terminó $\frac{5}{6}$ del suyo. ¿Quién completó más su mantel?

Lee el problema	Resuelve el problema
¿Qué debo hallar?	**Anota los pasos que seguiste para resolver el problema.**
¿Qué información debo usar?	
¿Cómo usaré la información?	

Charla matemática

Usa el razonamiento ¿Cómo sabes que $\frac{5}{6}$ es mayor que $\frac{3}{6}$ sin usar modelos?

1. ¿Cómo te ayudó el modelo a resolver el problema? _____

_____

2. Para el almuerzo, Tracy y Kim tenían un envase de leche cada una. Tracy bebió $\frac{5}{8}$ de su leche. Kim bebió $\frac{7}{8}$ de su leche. ¿Quién bebió más de su leche? Explícalo.

_____

_____

Nombre _____

Comparte y muestra MATH BOARD

Soluciona el problema

√ Encierra en un círculo la pregunta.

√ Subraya los datos importantes.

√ Representa el problema con manipulativos

1. En el parque, se puede trepar por una escalera de cuerda hasta arriba. Rosa trepó $\frac{2}{8}$ de la escalera. Justin trepó $\frac{2}{6}$ de la escalera. ¿Quién trepó más alto en la escalera de cuerda?

   Primero, ¿qué se te pide que halles?

   _____

   Luego, representa las fracciones y compáralas.   Piensa: Compara $\frac{2}{8}$ y $\frac{2}{6}$.

   Por último, halla la fracción mayor.

   ____ ◯ ____

   Entonces, _____ trepó más alto en la escalera de cuerda.

2. ¿Qué pasaría si Carla también intentara trepar por la escalera y trepara $\frac{2}{4}$ de la escalera? ¿Quién treparía más alto: Rosa, Justin o Carla? Explica cómo lo sabes.

   _____

   _____

   _____

   _____

Por tu cuenta

3. **PRÁCTICAS Y PROCESOS ⑤** **Usa un modelo concreto** Ted caminó $\frac{2}{3}$ de milla hasta llegar a su partido de fútbol. Luego caminó $\frac{1}{3}$ de milla hasta la casa de su amigo. ¿Qué distancia es más corta? Explica cómo lo sabes.

   _____

   _____

© Houghton Mifflin Harcourt Publishing Company

Usa la tabla para resolver los problemas 4 y 5.

4. **MÁS AL DETALLE** Suri está poniendo mermelada en 8 panecillos para el desayuno. En la tabla se muestra la fracción de panecillos untados con cada sabor de mermelada. ¿Qué sabor usó Suri en la mayor cantidad de los panecillos?

   Pista: Usa 8 fichas para representar los panecillos.

   _____

Panecillos de Suri	
Sabor de mermelada	Fracción de panecillos
Durazno	$\frac{3}{8}$
Frambuesa	$\frac{4}{8}$
Fresa	$\frac{1}{8}$

5. **ESCRIBE** ▸ *Matemáticas* **¿Cuál es la pregunta?**
   La respuesta es fresa.

   _____

   _____

ESCRIBE ▸ *Matemáticas*
Muestra tu trabajo

6. **PIENSA MÁS** Imagina que Suri también hubiera usado mermelada de ciruela en los panecillos. Untó $\frac{1}{2}$ de los panecillos con mermelada de durazno, $\frac{1}{4}$ con mermelada de frambuesa, $\frac{1}{8}$ con mermelada de fresa y $\frac{1}{8}$ con mermelada de ciruela. ¿Qué sabor usó Suri en la mayor cantidad de panecillos?

   _____

7. La señora Gordon tiene muchas recetas de barras de cereales. Una de las recetas lleva $\frac{1}{3}$ de taza de avena $\frac{1}{4}$ de taza de leche y $\frac{1}{2}$ taza de harina. ¿Qué ingrediente usará más la señora Gordon? Explícalo.

   _____

   _____

8. **PIENSA MÁS** Rick vive a $\frac{4}{6}$ de milla de la escuela. Noah vive a $\frac{3}{6}$ de milla de la escuela.

   Usa las fracciones y símbolos para mostrar qué distancia es mayor.

   $\frac{3}{6}$, $\frac{4}{6}$, < y >   ☐ ◯ ☐

Resolución de problemas •
Comparar fracciones

Resuelve.

1. Luis patina $\frac{2}{3}$ de milla desde su casa hasta la escuela. Isabella patina $\frac{2}{4}$ de milla para llegar a la escuela. ¿Quién patina una distancia mayor?

Piensa: Usa tiras fraccionarias para representarlo.

_____ Luis _____

2. Sandra prepara una pizza. Pone hongos sobre $\frac{2}{8}$ de la pizza. Agrega pimientos verdes sobre $\frac{5}{8}$ de la pizza. ¿Qué cobertura ocupa más espacio sobre la pizza?

_____

3. Los frascos de pintura del salón de arte tienen distintas cantidades de pintura. El frasco de pintura verde tiene $\frac{4}{8}$ de pintura. El de pintura morada tiene $\frac{4}{6}$ de pintura. ¿Qué frasco tiene menos pintura?

_____

4. Jan tiene una receta para hacer pan. Usa $\frac{2}{3}$ de taza de harina y $\frac{1}{3}$ de taza de cebolla picada. ¿De qué ingrediente usa mayor cantidad: harina o cebolla?

_____

5. ESCRIBE ▸ *Matemáticas* Explica cómo puedes determinar cuál es mayor entre $\frac{5}{6}$ y $\frac{5}{8}$.

_____

_____

Repaso de la lección

1. Ali y Jonah juntan conchas marinas en cubetas idénticas. Cuando terminan, la cubeta de Ali está llena hasta $\frac{2}{6}$ de su capacidad y la cubeta de Jonah está llena hasta $\frac{3}{6}$ de su capacidad. Usa $>$, $<$ o $=$ para comparar las fracciones.

$$\frac{3}{6} \bigcirc \frac{2}{6}$$

2. Rosa pinta una pared de su recámara. Usa pintura verde en $\frac{5}{8}$ de la pared y pintura azul en $\frac{3}{8}$ de la pared. Usa $>$, $<$ o $=$ para comparar las fracciones.

$$\frac{5}{8} \bigcirc \frac{3}{8}$$

Repaso en espiral

3. Daniel divide una tarta en octavos. ¿Cuántas partes iguales hay?

_____

4. Dibuja líneas para dividir el círculo en 4 partes iguales.

5. Charles coloca 30 fotos en 6 hileras iguales en su tablero de anuncios. ¿Cuántas fotos hay en cada hilera?

6. Describe un patrón en la tabla.

Mesas	1	2	3	4	5
Sillas	5	10	15	20	25

PRACTICA MÁS CON EL
Entrenador personal
en matemáticas

Comparar fracciones con el mismo denominador

Pregunta esencial ¿Cómo puedes comparar fracciones con el mismo denominador?

Objetivo de aprendizaje Usarás modelos fraccionarios visuales y estrategias de razonamiento para comparar fracciones de un entero y fracciones de un grupo con el mismo denominador.

🔑 Soluciona el problema

Jeremy y Christina hacen edredones. Los dos edredones tienen el mismo tamaño y están formados por 4 cuadrados de igual tamaño. $\frac{2}{4}$ de los cuadrados de Jeremy son verdes. $\frac{1}{4}$ de los cuadrados de Christina son verdes. ¿Qué edredón tiene más cuadrados verdes?

- Encierra en un círculo las dos fracciones que debes comparar.

- ¿En qué se parecen las dos fracciones?

_____

Edredón de Jeremy **Edredón de Christina**

🔒 **Compara las fracciones de un entero.**

- Sombrea $\frac{2}{4}$ del edredón que hace Jeremy.

- Sombrea $\frac{1}{4}$ del edredón que hace Christina.

- Compara $\frac{2}{4}$ y $\frac{1}{4}$.

La fracción mayor tendrá sombreada la cantidad más grande del entero.

$$\frac{2}{4} \bigcirc \frac{1}{4}$$

Idea matemática
Puedes comparar dos fracciones cuando hacen referencia al mismo entero o a grupos que tienen el mismo tamaño.

El edredón de _____ tiene más cuadrados verdes.

🔒 **Compara las fracciones de un grupo.**

Jen y Maggie tienen 6 botones cada una.

- Sombrea 3 de los botones de Jen para mostrar la cantidad de botones que son rojos. Sombrea 5 de los botones de Maggie para mostrar la cantidad de botones que son rojos.

Botones de Jen

 ____

- Escribe una fracción para mostrar la cantidad de botones rojos que hay en cada grupo. Compara las fracciones.

Botones de Maggie

 ____

Cada grupo tiene la misma cantidad de botones, entonces puedes contar la cantidad de botones rojos para comparar las fracciones.

$$3 < \underline{\quad} \text{, entonces } \frac{\boxed{}}{6} < \frac{\boxed{}}{6}.$$

Entonces, _____ tiene una mayor fracción de botones rojos.

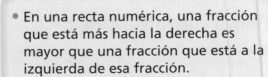

🔑 Usa tiras fraccionarias y una recta numérica.

En una tienda de artículos para manualidades, un trozo de cinta mide $\frac{2}{8}$ de yarda de longitud. Otro trozo de cinta mide $\frac{7}{8}$ de yarda de longitud. Si Santiago quiere comprar el trozo de cinta más largo, ¿qué trozo debería comprar?

- En una recta numérica, una fracción que está más hacia la derecha es mayor que una fracción que está a la izquierda de esa fracción.

- En una recta numérica, una fracción que está más hacia la izquierda es _____ una fracción que está a la derecha de esa fracción.

Compara $\frac{2}{8}$ y $\frac{7}{8}$.

- Sombrea las tiras fraccionarias para mostrar las ubicaciones de $\frac{2}{8}$ y $\frac{7}{8}$.

- Marca puntos en la recta numérica y rotúlalos para representar las distancias $\frac{2}{8}$ y $\frac{7}{8}$.

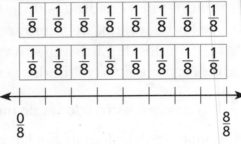

- Compara las longitudes.
$\frac{2}{8}$ está a la izquierda de $\frac{7}{8}$. Está más cerca de $\frac{0}{8}$ o _____.

$\frac{7}{8}$ está a la _____ de $\frac{2}{8}$. Está más cerca de ── o _____.

 <  y ── > ──

Entonces, Santiago debe comprar el trozo de cinta que mide ── de yarda de longitud.

🔑 Usa tu razonamiento.

Molly y Omar decoran señaladores del mismo tamaño. Molly cubre $\frac{3}{3}$ de su señalador con purpurina. Omar cubre $\frac{1}{3}$ de su señalador con purpurina. ¿Qué señalador está cubierto con más purpurina?

Compara $\frac{3}{3}$ y $\frac{1}{3}$.

- Cuando los denominadores son iguales, el entero se divide en partes del mismo tamaño. Puedes observar los _____ para comparar la cantidad de partes.

- Las dos fracciones tienen partes de un tercio. _____ partes son más que _____ parte. 3 > _____, entonces ── > ──.

Entonces, el señalador de _____ está cubierto con más purpurina.

Charla matemática

PRÁCTICAS Y PROCESOS MATEMÁTICOS ⑥

Explica ¿Cómo puedes usar tu razonamiento para comparar fracciones que tienen el mismo denominador?

514

Nombre _____

1. Marca puntos en la recta numérica para mostrar
$\frac{1}{6}$ y $\frac{5}{6}$. Luego compara las fracciones.

Charla matemática

Razona de forma abstracta ¿Por qué las fracciones aumentan su tamaño a medida que te desplazas hacia la derecha en la recta numérica?

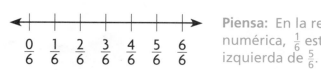

$$\frac{0}{6} \quad \frac{1}{6} \quad \frac{2}{6} \quad \frac{3}{6} \quad \frac{4}{6} \quad \frac{5}{6} \quad \frac{6}{6}$$

Piensa: En la recta numérica, $\frac{1}{6}$ está a la izquierda de $\frac{5}{6}$.

$$\frac{1}{6} \bigcirc \frac{5}{6}$$

Compara. Escribe <, > **o** =.

2. $\frac{4}{8} \bigcirc \frac{3}{8}$

✓ 3. $\frac{1}{4} \bigcirc \frac{4}{4}$

4. $\frac{1}{2} \bigcirc \frac{1}{2}$

✓ 5. $\frac{3}{6} \bigcirc \frac{2}{6}$

Compara. Escribe <, > **o** =.

6. $\frac{2}{4} \bigcirc \frac{3}{4}$

7. $\frac{2}{3} \bigcirc \frac{2}{3}$

8. $\frac{4}{6} \bigcirc \frac{2}{6}$

9. $\frac{0}{8} \bigcirc \frac{2}{8}$

PIENSA MÁS Escribe una fracción menor que, mayor que o igual a la fracción dada.

10. $\frac{1}{2} < $ ____

11. ____ $< \frac{12}{6}$

12. $\frac{8}{8} = $ ____

13. ____ $> \frac{2}{4}$

14. El lunes, Carlos terminó $\frac{5}{8}$ de su proyecto de arte. El lunes, Tyler terminó $\frac{7}{8}$ de su proyecto de arte. ¿Quién avanzó más en su proyecto de arte el lunes?

15. **PRÁCTICAS Y PROCESOS MATEMÁTICOS** ② **Usa tu razonamiento**

La Sra. Endo hizo dos panes del mismo tamaño. Su familia comió $\frac{1}{4}$ del pan de plátano y $\frac{3}{4}$ del pan de canela. ¿De qué pan quedó menos?

© Houghton Mifflin Harcourt Publishing Company

16. **PIENSA MÁS**   Todd y Lisa comparan tiras fraccionarias. ¿Qué enunciados son correctos? Marca todas las respuestas que correspondan.

Ⓐ $\frac{1}{4} < \frac{4}{4}$ Ⓑ $\frac{5}{6} < \frac{4}{6}$ Ⓒ $\frac{2}{3} > \frac{1}{3}$ Ⓓ $\frac{5}{8} > \frac{4}{8}$

PIENSA MÁS   **¿Cuál es el error?**

17. Gary y Vanesa comparan fracciones. Vanesa representa $\frac{2}{4}$ y Gary representa $\frac{3}{4}$. Vanesa escribe $\frac{3}{4} < \frac{2}{4}$. Observa los modelos de Gary y de Vanesa y describe el error que cometió Vanesa.

Modelo de Vanesa   **Modelo de Gary**

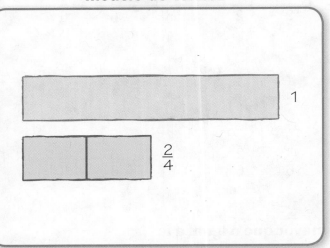   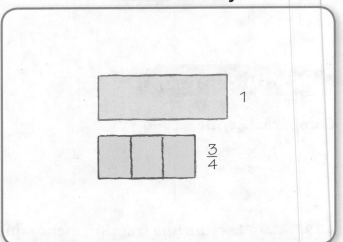

- Describe el error de Vanesa.

_____

_____

18. **MÁS AL DETALLE**   Explica cómo corregir el error de Vanesa. Luego muestra el modelo correcto.

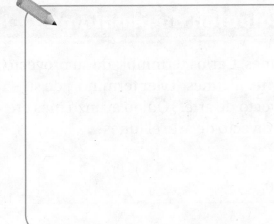

_____

_____

_____

_____

Comparar fracciones con el mismo denominador

Objetivo de aprendizaje Usarás la estrategia *representar* para resolver problemas de comparación representando y comparando con tiras fraccionarias y círculos fraccionarios.

Compara. Escribe <, > o =.

1. $\frac{3}{4}$ ⬭> $\frac{1}{4}$

2. $\frac{3}{6}$ ◯ $\frac{0}{6}$

3. $\frac{1}{2}$ ◯ $\frac{1}{2}$

4. $\frac{5}{6}$ ◯ $\frac{6}{6}$

5. $\frac{7}{8}$ ◯ $\frac{5}{8}$

6. $\frac{2}{3}$ ◯ $\frac{3}{3}$

7. $\frac{8}{8}$ ◯ $\frac{0}{8}$

8. $\frac{1}{6}$ ◯ $\frac{1}{6}$

9. $\frac{3}{4}$ ◯ $\frac{2}{4}$

10. $\frac{1}{6}$ ◯ $\frac{2}{6}$

11. $\frac{1}{2}$ ◯ $\frac{0}{2}$

12. $\frac{3}{8}$ ◯ $\frac{3}{8}$

13. $\frac{1}{4}$ ◯ $\frac{4}{4}$

14. $\frac{5}{8}$ ◯ $\frac{4}{8}$

15. $\frac{4}{6}$ ◯ $\frac{6}{6}$

Resolución de problemas

16. Ben cortó $\frac{5}{6}$ de su césped en una hora. John cortó $\frac{4}{6}$ de su césped en una hora. ¿Quién cortó una superficie menor de césped en una hora?

17. Darcy horneó 8 panecillos. Puso arándanos en $\frac{5}{8}$ de los panecillos y puso frambuesas en los $\frac{3}{8}$ restantes. ¿Qué tenía la mayor cantidad de panecillos: arándanos o frambuesas?

_____

_____

18. **ESCRIBE** ▸*Matemáticas* Explica cómo puedes aplicar el razonamiento para comparar dos fracciones con el mismo denominador.

_____

_____

Repaso de la lección

1. Julia pinta $\frac{2}{6}$ de una pared de su recámara de color blanco. Pinta una superficie mayor de la pared de color verde. ¿Qué fracción podría representar la parte de la pared pintada de verde?

   _____

2. Compara. Escribe <, > o =.

   $\frac{2}{8}$ ◯ $\frac{3}{8}$

Repaso en espiral

3. El Sr. Edwards compra 2 perillas nuevas para cada uno de los armarios de su cocina. La cocina tiene 9 armarios. ¿Cuántas perillas compra?

   _____

4. Allie arma un librero nuevo con 8 estantes. Puede colocar 30 libros en cada estante. ¿Cuántos libros en total puede colocar en el librero?

   _____

5. Café Buen Día tiene 28 clientes en el desayuno. Hay 4 personas sentadas en cada mesa. ¿Cuántas mesas están ocupadas?

   _____

6. Elena quiere usar la propiedad conmutativa de la multiplicación como ayuda para hallar el producto de 5 × 4. ¿Qué enunciado numérico puede usar?

   _____

PRACTICA MÁS CON EL
**Entrenador personal
en matemáticas**

Nombre _____

Comparar fracciones con el mismo numerador

Pregunta esencial ¿Cómo puedes comparar fracciones con el mismo numerador?

Objetivo de aprendizaje Usarás modelos fraccionarios visuales y estrategias de razonamiento para comparar fracciones con el mismo numerador.

Soluciona el problema

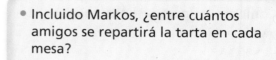

Markos está en el Café Atenas. Puede sentarse en una mesa con 5 amigos o en otra mesa con 7 amigos. En cualquiera de las dos mesas, se reparte en partes iguales una tarta de espinaca del mismo tamaño entre las personas de la mesa. ¿En qué mesa debería sentarse Markos para comer más tarta?

- Incluido Markos, ¿entre cuántos amigos se repartirá la tarta en cada mesa?

  _____

- ¿Qué compararás?

  _____

  _____

 Representa el problema.

La Tarta A se repartirá entre 6 amigos y la tarta B se repartirá entre 8 amigos.

Entonces, Markos obtendrá $\frac{1}{6}$ o $\frac{1}{8}$ de una tarta.

- Sombrea $\frac{1}{6}$ de la Tarta A.

- Sombrea $\frac{1}{8}$ de la Tarta B.

- ¿Qué porción de tarta es más grande?

- Compara $\frac{1}{6}$ y $\frac{1}{8}$.

$$\frac{1}{6} \bigcirc \frac{1}{8}$$

Entonces, Markos debería sentarse en la mesa con _____ amigos para comer más tarta.

Tarta A   **Tarta B**

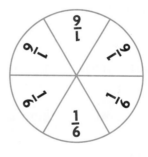   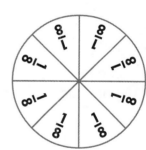

1. ¿Qué tarta tiene más porciones? _____ Cuanto *mayor* es la cantidad de partes en las que está dividido un entero, más _____ son las partes.

2. ¿Qué tarta tiene menos porciones? _____ Cuanto menor es la cantidad de partes en las que está dividido un entero, más _____ son las partes.

PRÁCTICAS Y PROCESOS MATEMÁTICOS ①

Entender los problemas
Imagina que Markos quiere dos porciones de una de las tartas de arriba. ¿Qué cantidad es mayor: $\frac{2}{6}$ o $\frac{2}{8}$ de la tarta? Explica cómo lo sabes.

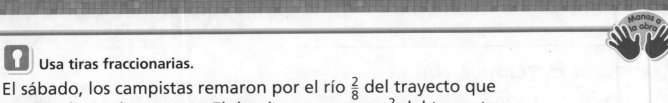

🔑 **Usa tiras fraccionarias.**

El sábado, los campistas remaron por el río $\frac{2}{8}$ del trayecto que tenían planeado recorrer. El domingo, remaron $\frac{2}{3}$ del trayecto por el río. ¿Qué día remaron una distancia mayor los campistas?

Compara $\frac{2}{8}$ y $\frac{2}{3}$.

- Coloca una ✓ junto a las tiras fraccionarias que muestran más partes en el entero.

- Sombrea $\frac{2}{8}$. Luego sombrea $\frac{2}{3}$. Compara las partes sombreadas.

- $\frac{2}{8}$ ◯ $\frac{2}{3}$

1							
$\frac{1}{8}$	$\frac{1}{8}$	$\frac{1}{8}$	$\frac{1}{8}$	$\frac{1}{8}$	$\frac{1}{8}$	$\frac{1}{8}$	$\frac{1}{8}$

$\frac{1}{3}$	$\frac{1}{3}$	$\frac{1}{3}$

Entonces, los campistas remaron una distancia mayor el _____.

Piensa: $\frac{1}{8}$ es menor que $\frac{1}{3}$, entonces $\frac{2}{8}$ es menor que $\frac{2}{3}$.

🔑 **Usa tu razonamiento.**

Para la fiesta de su clase, Felicia horneó dos bandejas de bocaditos del mismo tamaño. Después de la fiesta, le quedaron $\frac{3}{4}$ de los bocaditos de zanahoria y $\frac{3}{6}$ de los de manzana. ¿De cuál quedó más: de los bocaditos de zanahoria o de los de manzana?

Compara $\frac{3}{4}$ y $\frac{3}{6}$.

- Como los numeradores son los mismos, observa los denominadores para comparar el tamaño de las partes.

$\frac{3}{4}$ $\frac{3}{6}$

> - Cuanto *mayor* es la cantidad de partes en las que está dividido un entero, más _____ son las partes.
> - Cuanto *menor* es la cantidad de partes en las que está dividido un entero, más _____ son las partes.

⚠️ **Para evitar errores**

Cuando compares fracciones con el mismo numerador, asegúrate de que el símbolo indique que la fracción que tiene una cantidad de partes menor en el entero es la fracción mayor.

- $\frac{1}{4}$ es _____ que $\frac{1}{6}$ porque la cantidad de partes es _____.

- $\frac{3}{4}$ ◯ $\frac{3}{6}$

Entonces, quedaron más bocaditos de _____.

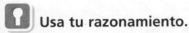

Nombre _____

1. Sombrea los modelos para mostrar $\frac{1}{6}$ y $\frac{1}{4}$.

   Luego compara las fracciones.

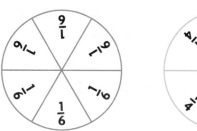

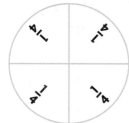

   $\frac{1}{6}$ ◯ $\frac{1}{4}$

Compara. Escribe <, > o =.

✓2. $\frac{1}{8}$ ◯ $\frac{1}{3}$

✓3. $\frac{3}{4}$ ◯ $\frac{3}{8}$

4. $\frac{2}{6}$ ◯ $\frac{2}{3}$

5. $\frac{4}{8}$ ◯ $\frac{4}{4}$

6. $\frac{3}{6}$ ◯ $\frac{3}{6}$

7. $\frac{8}{4}$ ◯ $\frac{8}{8}$

Charla matemática

PRÁCTICAS Y PROCESOS MATEMÁTICOS ①

Evalúa por qué $\frac{1}{2}$ es mayor que $\frac{1}{4}$.

Por tu cuenta

Compara. Escribe <, > o =.

8. $\frac{1}{3}$ ◯ $\frac{1}{4}$

9. $\frac{2}{3}$ ◯ $\frac{2}{6}$

10. $\frac{4}{8}$ ◯ $\frac{4}{2}$

11. $\frac{6}{8}$ ◯ $\frac{6}{6}$

12. $\frac{1}{6}$ ◯ $\frac{1}{2}$

13. $\frac{7}{8}$ ◯ $\frac{7}{8}$

14. **MÁS AL DETALLE** James comió $\frac{3}{4}$ de su quesadilla. David comió $\frac{2}{3}$ de su quesadilla. Las dos quesadillas tienen el mismo tamaño. ¿Quién comió más de su quesadilla?

James dijo que sabía que él comió más porque observó lo que quedó de la quesadilla. ¿Tiene sentido su respuesta? Sombrea los modelos. Explícalo.

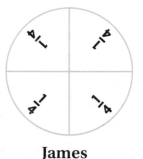

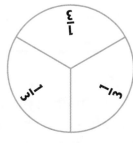

James   **David**

_____

_____

Soluciona el problema En el mundo

15. **PRÁCTICAS Y PROCESOS MATEMÁTICOS ①** **Entiende los problemas** Quinton y Hunter recorren en bicicleta los senderos del Parque Estatal Katy Trail. Recorrieron $\frac{5}{6}$ de milla por la mañana y $\frac{5}{8}$ de milla por la tarde. ¿Recorrieron una distancia mayor por la mañana o por la tarde?

a. ¿Qué debes saber? _____

b. En las dos fracciones el numerador es 5 entonces compara $\frac{1}{6}$ y $\frac{1}{8}$. Explícalo.

_____

c. ¿Cómo puedes resolver el problema?

d. Completa las oraciones.
Por la mañana, los niños recorrieron
_____ de milla en bicicleta.
Por la tarde, recorrieron
_____ de milla en bicicleta.
Los niños recorrieron una distancia mayor en bicicleta por la _____.
$\frac{5}{6}$ ◯ $\frac{5}{8}$

16. **PIENSA MÁS** Zach tiene $\frac{1}{4}$ de un pastel. Max tiene $\frac{1}{2}$ de un pastel. El trozo de pastel de Max es más pequeño que el de Zach. Explica cómo sería esto posible. Haz un dibujo para mostrar tu respuesta.

_____

_____

17. **PIENSA MÁS ➕** Antes de salir a caminar, tanto Kate como Dylan comieron partes de barras de cereal del mismo tamaño. Kate comió $\frac{1}{3}$ de su barra. Dylan comió $\frac{1}{2}$ de su barra. ¿Quién comió más de su barra de cereal? Explica cómo resolviste el problema.

_____

_____

Nombre _____

Comparar fracciones con el mismo numerador

Objetivo de aprendizaje Usarás modelos fraccionarios visuales y estrategias de razonamiento para comparar fracciones con el mismo numerador.

Compara. Escribe <, > o =.

1. $\frac{1}{8}$ $\boxed{<}$ $\frac{1}{2}$

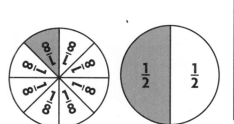

2. $\frac{3}{8}$ ◯ $\frac{3}{6}$

3. $\frac{2}{3}$ ◯ $\frac{2}{4}$

4. $\frac{2}{8}$ ◯ $\frac{2}{3}$

5. $\frac{3}{6}$ ◯ $\frac{3}{4}$

6. $\frac{1}{2}$ ◯ $\frac{1}{6}$

7. $\frac{5}{6}$ ◯ $\frac{5}{8}$

8. $\frac{4}{8}$ ◯ $\frac{4}{8}$

9. $\frac{6}{8}$ ◯ $\frac{6}{6}$

Resolución de problemas

10. Javier compra comida en el comedor de la escuela. La bandeja de ensaladas está $\frac{3}{8}$ llena. La bandeja de frutas está $\frac{3}{4}$ llena. ¿Qué bandeja está más llena?

_____

11. Rachel compró algunos botones. $\frac{2}{4}$ de los botones son de color amarillo y $\frac{2}{8}$ son de color rojo. ¿De qué color compró más botones Rachel?

_____

12. **ESCRIBE** ▸*Matemáticas* Explica cómo se relacionan el número de partes de un entero con el tamaño de cada parte.

_____

Repaso de la lección

1. ¿Qué símbolo hace que el enunciado sea verdadero? Escribe <, > o =.

$$\frac{3}{4} \bigcirc \frac{3}{8}$$

2. ¿Qué símbolo hace que el enunciado sea verdadero? Escribe <, > o =.

$$\frac{2}{4} \bigcirc \frac{2}{3}$$

Repaso en espiral

3. Anita dividió un círculo en 6 partes iguales y sombreó 1 de las partes. ¿Qué fracción indica la parte que sombreó?

4. ¿Qué fracción indica la parte sombreada del rectángulo?

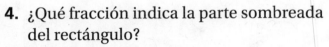

_____

5. Chip trabajó en el refugio para animales 6 horas por semana durante varias semanas. Trabajó un total de 42 horas. ¿Cuántas semanas trabajó Chip en el refugio para animales?

6. El Sr. Jackson tiene 20 monedas de 25¢. Si le da 4 monedas a cada uno de sus hijos, ¿cuántos hijos tiene el Sr. Jackson?

_____

PRACTICA MÁS CON EL
Entrenador personal
en matemáticas

Nombre _____

Comparar fracciones

Pregunta esencial ¿Qué estrategias puedes usar para comparar fracciones?

Objetivo de aprendizaje Usarás modelos y estrategias que tienen que ver con el tamaño de las partes de un entero para comparar fracciones del mismo entero.

 Soluciona el problema

Luka y Ann comen pizzas pequeñas del mismo tamaño. En un plato, hay $\frac{3}{4}$ de la pizza de queso de Luka. En otro plato, hay $\frac{5}{6}$ de la pizza con champiñones de Ann. ¿En el plato de quién hay más pizza?

- Encierra en un círculo los números que debes comparar.
- ¿Cuántos trozos forman cada pizza entera?

_____

🔑 **Compara $\frac{3}{4}$ y $\frac{5}{6}$.** *Manos a la obra*

Estrategia de las partes que faltan
- Puedes comparar las partes que faltan de un entero para comparar fracciones.

- Sombrea $\frac{3}{4}$ de la pizza de Luka y $\frac{5}{6}$ de la pizza de Ann. Cada fracción representa un entero al que le falta una parte.

- Como $\frac{1}{6}$ ◯ $\frac{1}{4}$, falta un trozo más pequeño de la pizza de Ann.

- Si falta un trozo más pequeño de la pizza de Ann, ella debe tener más pizza.

Entonces, en el plato de _____ hay más pizza.

Luka

$\frac{3}{4}$

Ann

$\frac{5}{6}$

Charla matemática PRÁCTICAS Y PROCESOS MATEMÁTICOS ②

Razona de forma abstracta ¿Por qué saber que $\frac{1}{4}$ es menor que $\frac{1}{3}$ te sirve para comparar $\frac{3}{4}$ y $\frac{2}{3}$?

Morgan corrió $\frac{2}{3}$ de milla. Alexa corrió $\frac{1}{3}$ de milla. ¿Quién corrió más?

🔑 **Compara $\frac{2}{3}$ y $\frac{1}{3}$.**

$\frac{}{3} > \frac{}{3}$

Estrategia del mismo denominador
- Cuando los denominadores son iguales, puedes comparar solamente la cantidad de partes, o los numeradores.

Entonces, _____ corrió más.

La Sra. Davis prepara una ensalada de frutas con $\frac{3}{4}$ de libras de cerezas y $\frac{3}{8}$ de libras de fresas. ¿Qué frutas pesan menos: las cerezas o las fresas?

 Compara $\frac{3}{4}$ y $\frac{3}{8}$.

Estrategia del mismo numerador
- Cuando los numeradores son iguales, observa los denominadores para comparar el tamaño de las partes.

Piensa: $\frac{1}{8}$ es menor que $\frac{1}{4}$ porque tiene más partes.

$$\frac{3}{} < \frac{3}{}$$

Entonces, las _____ pesan menos.

Comparte y muestra   MATH BOARD

1. Compara $\frac{7}{8}$ y $\frac{5}{6}$.

   Piensa: ¿Qué falta en cada entero?

    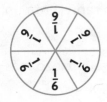

   Escribe $<$, $>$ o $=$. $\frac{7}{8}$ ◯ $\frac{5}{6}$

Compara. Escribe $<$, $>$ o $=$. Escribe la estrategia que usaste.

2. $\frac{1}{2}$ ◯ $\frac{2}{3}$

   _____

3. $\frac{3}{4}$ ◯ $\frac{2}{4}$

   _____

4. $\frac{3}{8}$ ◯ $\frac{3}{6}$

   _____

5. $\frac{3}{4}$ ◯ $\frac{7}{8}$

   _____

 Charla matemática   PRÁCTICAS Y PROCESOS MATEMÁTICOS ①

Entender los problemas ¿Por qué las partes que faltan del Ejercicio 1 te ayudan a comparar $\frac{7}{8}$ y $\frac{5}{6}$?

Nombre _____

Compara. Escribe <, > o =. Escribe la estrategia que usaste.

6. $\frac{1}{2} \bigcirc \frac{2}{2}$

_____

7. $\frac{1}{3} \bigcirc \frac{1}{4}$

_____

8. $\frac{2}{3} \bigcirc \frac{5}{6}$

_____

9. $\frac{4}{6} \bigcirc \frac{4}{2}$

_____

Escribe una fracción que sea menor que o mayor que la fracción dada. Haz un dibujo para justificar tu respuesta.

10. menor que $\frac{5}{6}$ _____

11. mayor que $\frac{3}{8}$ _____

12. **MÁS AL DETALLE** Luke, Seth y Anja tienen vasos vacíos. El Sr. Gabel vierte $\frac{3}{6}$ de taza de jugo de naranja en el vaso de Seth. Luego vierte $\frac{1}{6}$ de taza de jugo de naranja en el vaso de Luke y $\frac{2}{6}$ de taza de jugo de naranja en el vaso de Anja. ¿Quién tiene más jugo de naranja?

_____

13. **PIENSA MÁS** ¿Cuál es el error? Jack dice que $\frac{5}{8}$ es mayor que $\frac{5}{6}$ porque el denominador 8 es mayor que el denominador 6. Describe el error de Jack. Haz un dibujo para explicar tu respuesta.

_____

_____

_____

_____

 **Soluciona el problema** *En el mundo*

14. **PRÁCTICAS Y PROCESOS MATEMÁTICOS ①** **Analiza** Tracy está preparando panecillos de arándanos. Usa $\frac{4}{4}$ de taza de miel y $\frac{4}{2}$ de tazas de harina. ¿Qué usa más Tracy, miel o harina?

a. ¿Qué debes saber?

_____

b. ¿Qué estrategia usarás para comparar las fracciones?

_____

c. Muestra los pasos que seguiste para resolver el problema.

d. Completa la comparación.

$$\underline{\quad} > \underline{\quad}$$

Entonces, Tracy usa más _____.

15. **PIENSA MÁS** Compara las fracciones. Marca el símbolo que hace que las expresiones sean verdaderas.

$\frac{2}{8}$ ⬚ $\frac{2}{4}$
>
<
=

$\frac{1}{4}$ ⬚ $\frac{4}{8}$
>
<
=

Comparar fracciones

Objetivo de aprendizaje Usarás modelos y estrategias que tienen que ver con el tamaño de las partes de un entero para comparar fracciones del mismo entero.

Compara. Escribe <, > o =. Escribe la estrategia que usaste.

1. $\frac{3}{8}$ $<$ $\frac{3}{4}$

Piensa: Los numeradores son los mismos. Compara los denominadores. La fracción mayor será la que tenga el menor denominador.

el mismo numerador

2. $\frac{2}{3}$ ◯ $\frac{7}{8}$

_____

3. $\frac{3}{4}$ ◯ $\frac{1}{4}$

_____

Escribe una fracción que sea menor que o mayor que la fracción dada. Haz un dibujo para justificar tu respuesta.

4. mayor que $\frac{1}{3}$ —

5. menor que $\frac{3}{4}$ —

Resolución de problemas En el mundo

6. En la fiesta de tercer grado había dos grupos, y cada uno de ellos tenía su propia pizza. El grupo azul comió $\frac{7}{8}$ de pizza. El grupo verde comió $\frac{2}{8}$ de pizza. ¿Cuál de los grupos comió más cantidad de pizza?

_____

7. Ben y Antonio toman el mismo autobús para ir a la escuela. El recorrido de Ben es de $\frac{7}{8}$ de milla. El recorrido de Antonio es de $\frac{3}{4}$ de milla. ¿Quién tiene un recorrido más largo?

_____

8. ESCRIBE ▸*Matemáticas* Explica cómo usar la estrategia de la parte que falta para comparar dos fracciones. Incluye un diagrama con tu explicación.

_____

Repaso de la lección

1. Compara $\frac{2}{3}$ y $\frac{7}{8}$. Escribe $<$, $>$ o $=$.

2. ¿Qué símbolo hace que el enunciado sea verdadero? Escribe $<$, $>$ o $=$.

$$\frac{2}{3} \bigcirc \frac{7}{8}$$

$$\frac{2}{4} \bigcirc \frac{2}{6}$$

Repaso en espiral

3. Cam, Stella y Rose recolectaron 40 manzanas cada una. Pusieron todas las manzanas en un cajón. ¿Cuántas manzanas hay en el cajón?

_____

4. Cada figura es 1 entero. ¿Qué fracción representa la parte sombreada del modelo?

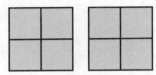

_____

5. ¿Qué operación de multiplicación relacionada puedes usar para hallar $16 \div \blacksquare = 2$?

_____

_____

_____

6. ¿Cuál es el factor desconocido?

$$9 \times \blacksquare = 36$$

_____

_____

_____

PRACTICA MÁS CON EL
Entrenador personal en matemáticas

Nombre _____

 Revisión de la mitad del capítulo

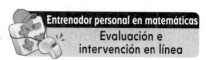
Entrenador personal en matemáticas
Evaluación e
intervención en línea

Conceptos y destrezas

1. Cuando dos fracciones hacen referencia al mismo entero, explica por qué la fracción con un denominador menor tiene partes más grandes que la fracción con un denominador mayor.

_____

_____

_____

2. Cuando dos fracciones hacen referencia al mismo entero y tienen los mismos denominadores, explica por qué puedes comparar solamente los numeradores.

_____

_____

_____

Compara. Escribe $<$, $>$ o $=$.

3. $\frac{1}{6} \bigcirc \frac{1}{4}$

4. $\frac{1}{8} \bigcirc \frac{1}{8}$

5. $\frac{2}{8} \bigcirc \frac{2}{3}$

6. $\frac{4}{2} \bigcirc \frac{1}{2}$

7. $\frac{7}{8} \bigcirc \frac{3}{8}$

8. $\frac{5}{6} \bigcirc \frac{2}{3}$

9. $\frac{2}{4} \bigcirc \frac{3}{4}$

10. $\frac{6}{6} \bigcirc \frac{6}{8}$

11. $\frac{3}{4} \bigcirc \frac{7}{8}$

Escribe una fracción que sea menor que o mayor que la fracción dada. Haz un dibujo para justificar tu respuesta.

12. mayor que $\frac{2}{6}$ _____

13. menor que $\frac{2}{3}$ _____

14. Dos paredes de la recámara de Tiffany tienen el mismo tamaño. Tiffany pinta $\frac{1}{4}$ de una pared. Jake pinta $\frac{1}{8}$ de la otra pared. ¿Quién pintó más en la recámara de Tiffany?

_____

15. Matthew corrió $\frac{5}{8}$ de milla durante la práctica de atletismo. Pablo corrió $\frac{5}{6}$ de milla. ¿Quién corrió más lejos?

_____

16. Mallory compró 6 rosas para su madre. Dos sextos de las rosas son rojas y $\frac{4}{6}$ son amarillas. ¿Compró Mallory menos rosas rojas o menos rosas amarillas?

_____

17. MÁS AL DETALLE Lani usó $\frac{2}{3}$ de taza de pasas, $\frac{3}{8}$ de taza de arándanos y $\frac{3}{4}$ de taza de harina de avena para hornear galletas. ¿De qué ingrediente usó la menor cantidad Lani?

_____

Nombre _____

Comparar y ordenar fracciones

Pregunta esencial ¿Cómo puedes comparar y ordenar fracciones?

Objetivo de aprendizaje Usarás modelos visuales de fracciones y estrategias para comparar y ordenar fracciones con el mismo numerador o con el mismo denominador.

Soluciona el problema (En el mundo)

Harrison, Tad y Dylan van en bicicleta a la escuela. Harrison recorre $\frac{3}{4}$ de milla, Tad recorre $\frac{3}{8}$ de milla y Dylan recorre $\frac{3}{6}$ de milla. Compara las distancias que recorren los niños y ordénalas de menor a mayor.

- Encierra en un círculo las fracciones que debes usar.
- Subraya la oración que te indica qué debes hacer.

🔑 Actividad 1 Ordena fracciones con el mismo numerador.

Materiales ■ lápiz de color

Puedes ordenar fracciones razonando acerca del tamaño de las fracciones unitarias.

1			
$\frac{1}{4}$	$\frac{1}{4}$	$\frac{1}{4}$	$\frac{1}{4}$

$\frac{1}{8}$	$\frac{1}{8}$	$\frac{1}{8}$	$\frac{1}{8}$	$\frac{1}{8}$	$\frac{1}{8}$	$\frac{1}{8}$	$\frac{1}{8}$

$\frac{1}{6}$	$\frac{1}{6}$	$\frac{1}{6}$	$\frac{1}{6}$	$\frac{1}{6}$	$\frac{1}{6}$

Recuerda

- Cuanto *mayor* es la cantidad de partes en las que se divide un entero, más pequeñas son las partes.
- Cuanto *menor* es la cantidad de partes en las que se divide un entero, más grandes son las partes.

PASO 1 Sombrea una fracción unitaria en cada tira fraccionaria.

_____ es la fracción unitaria más larga.

_____ es la fracción unitaria más corta.

PASO 2 Sombrea una fracción unitaria más en cada tira fraccionaria.

¿Siguen siendo los cuartos sombreados más largos? _____

¿Siguen siendo los octavos sombreados más cortos? _____

PASO 3 Continúa sombreando las tiras fraccionarias hasta haber sombreado tres fracciones unitarias en cada tira.

¿Siguen siendo los cuartos sombreados más largos? _____

¿Siguen siendo los octavos sombreados más cortos? _____

$\frac{3}{4}$ de milla es la distancia _____. $\frac{3}{8}$ de milla es la distancia _____. $\frac{3}{6}$ de milla está *entre* las otras dos distancias.

Las distancias de menor a mayor son

_____ de milla, _____ de milla, _____ de milla.

¡Inténtalo! Ordena $\frac{2}{6}$, $\frac{2}{3}$ y $\frac{2}{4}$ de mayor a menor.

Ordena las fracciones $\frac{2}{6}$, $\frac{2}{3}$ y $\frac{2}{4}$ pensando en la longitud de la tira fraccionaria unitaria. Luego rotula las fracciones *más corta, intermedia* o *más larga*.

Fracción	Fracción unitaria	Longitud
$\frac{2}{6}$		
$\frac{2}{3}$		
$\frac{2}{4}$		

Charla matemática

PRÁCTICAS Y PROCESOS MATEMÁTICOS **8**

Generaliza Cuando ordenas tres fracciones, ¿qué sabes acerca de la tercera fracción si sabes qué fracción es la más corta y qué fracción es la más larga? Explica tu respuesta.

- Cuando los numeradores son iguales, piensa en el

_____ de las partes para comparar y ordenar fracciones.

Entonces, el orden de mayor a menor es _____, _____, _____.

🔒 **Actividad 2** Ordena fracciones con el mismo denominador.

Materiales ■ lápiz de color

Sombrea las tiras fraccionarias para ordenar $\frac{5}{8}$, $\frac{8}{8}$ y $\frac{3}{8}$ de menor a mayor.

1

| $\frac{1}{8}$ | $\frac{1}{8}$ | $\frac{1}{8}$ | $\frac{1}{8}$ | $\frac{1}{8}$ | $\frac{1}{8}$ | $\frac{1}{8}$ | $\frac{1}{8}$ |

Sombrea $\frac{5}{8}$.

| $\frac{1}{8}$ | $\frac{1}{8}$ | $\frac{1}{8}$ | $\frac{1}{8}$ | $\frac{1}{8}$ | $\frac{1}{8}$ | $\frac{1}{8}$ | $\frac{1}{8}$ |

Sombrea $\frac{8}{8}$.

| $\frac{1}{8}$ | $\frac{1}{8}$ | $\frac{1}{8}$ | $\frac{1}{8}$ | $\frac{1}{8}$ | $\frac{1}{8}$ | $\frac{1}{8}$ | $\frac{1}{8}$ |

Sombrea $\frac{3}{8}$.

- Cuando los denominadores son iguales, el tamaño de las partes es _____.

Entonces, piensa en el _____ de partes para comparar y ordenar las fracciones.

_____ es la más corta. _____ es la más larga.

_____ está entre las otras dos fracciones.

Entonces, el orden de menor a mayor es _____, _____, _____.

Nombre _____

1. Sombrea las tiras fraccionarias para ordenar $\frac{4}{6}$, $\frac{4}{4}$ y $\frac{4}{8}$ de menor a mayor.

1					
$\frac{1}{6}$	$\frac{1}{6}$	$\frac{1}{6}$	$\frac{1}{6}$	$\frac{1}{6}$	$\frac{1}{6}$

$\frac{1}{4}$	$\frac{1}{4}$	$\frac{1}{4}$	$\frac{1}{4}$

$\frac{1}{8}$	$\frac{1}{8}$	$\frac{1}{8}$	$\frac{1}{8}$	$\frac{1}{8}$	$\frac{1}{8}$	$\frac{1}{8}$	$\frac{1}{8}$

Charla matemática · PRÁCTICAS Y PROCESOS MATEMÁTICOS ⑤

Usa un modelo concreto ¿Por qué usar tiras fraccionarias te ayuda a ordenar fracciones con distintos denominadores?

_____ es la más corta. _____ es la más larga.

_____ está entre las otras dos longitudes.   _____ , _____ , _____

Ordena las fracciones de menor a mayor.

2. $\frac{1}{2}$, $\frac{0}{2}$, $\frac{2}{2}$ _____ , _____ , _____

3. $\frac{1}{6}$, $\frac{1}{2}$, $\frac{1}{3}$ _____ , _____ , _____

Por tu cuenta

Ordena las fracciones de mayor a menor.

4. $\frac{6}{6}$, $\frac{2}{6}$, $\frac{5}{6}$ _____ , _____ , _____

5. $\frac{1}{8}$, $\frac{1}{4}$, $\frac{1}{2}$ _____ , _____ , _____

Ordena las fracciones de menor a mayor.

6. **PIENSA MÁS**

$\frac{6}{3}$, $\frac{6}{2}$, $\frac{6}{8}$ _____ , _____ , _____

7. **PIENSA MÁS**

$\frac{4}{2}$, $\frac{2}{2}$, $\frac{8}{2}$ _____ , _____ , _____

8. **PRÁCTICAS Y PROCESOS MATEMÁTICOS ⑥** **Compara** Pam hace panecillos. Necesita $\frac{2}{6}$ de taza de aceite, $\frac{2}{3}$ de taza de agua y $\frac{2}{4}$ de taza de leche. Escribe los ingredientes de mayor a menor cantidad.

_____ , _____ , _____

Resolución de problemas • Aplicaciones En el mundo

9. En quince minutos, el velero de Greg recorrió $\frac{3}{6}$ de milla, el velero de Gina recorrió $\frac{6}{6}$ de milla y el velero de Stuart recorrió $\frac{4}{6}$ de milla. ¿Qué velero recorrió la distancia más larga en quince minutos?

_____

¿Qué velero recorrió la distancia más corta?

_____

10. **MÁS AL DETALLE** Vuelve a mirar el Ejercicio 9. Escribe un problema similar cambiando la fracción de una milla que recorrió cada velero de modo que las respuestas sean diferentes a las del Ejercicio 9. Luego resuelve el problema.

_____

_____

_____

_____

_____

ESCRIBE ▸ *Matemáticas*
Muestra tu trabajo

11. **PIENSA MÁS** Tom tiene tres trozos de madera. La longitud del trozo más largo es $\frac{3}{4}$ pie. La longitud del trozo más corto es $\frac{3}{8}$ pie. ¿Cuál puede ser la longitud del tercer trozo de madera?

_____

12. **PIENSA MÁS** Jesse corrió $\frac{2}{4}$ de milla el lunes, $\frac{2}{3}$ de milla el martes y $\frac{2}{8}$ de milla el miércoles. Ordena las fracciones de menor a mayor.

$\boxed{\dfrac{2}{4}}$, $\boxed{\dfrac{2}{3}}$ y $\boxed{\dfrac{2}{8}}$ ☐ ☐ ☐

Comparar y ordenar fracciones

Objetivo de aprendizaje Usarás modelos visuales de fracciones y estrategias para comparar y ordenar fracciones con el mismo numerador o con el mismo denominador.

Ordena las fracciones de mayor a menor.

1. $\frac{4}{4}, \frac{1}{4}, \frac{3}{4}$ $\underline{\frac{4}{4}}$, $\underline{\frac{3}{4}}$, $\underline{\frac{1}{4}}$

Piensa: Los denominadores son los mismos; entonces, compara los numeradores: $4 > 3 > 1$.

2. $\frac{2}{8}, \frac{5}{8}, \frac{1}{8}$ _____, _____, _____

3. $\frac{1}{3}, \frac{1}{6}, \frac{1}{2}$ _____, _____, _____

4. $\frac{2}{3}, \frac{2}{6}, \frac{2}{8}$ _____, _____, _____

Escribe las fracciones en orden de menor a mayor.

5. $\frac{2}{4}, \frac{4}{4}, \frac{3}{4}$ _____, _____, _____

6. $\frac{4}{6}, \frac{5}{6}, \frac{2}{6}$ _____, _____, _____

Resolución de problemas En el mundo

7. El Sr. Jackson corrió $\frac{7}{8}$ de milla el lunes. Corrió $\frac{3}{8}$ de milla el miércoles y $\frac{5}{8}$ de milla el viernes. ¿Qué día el Sr. Jackson corrió la distancia más corta?

8. Delia tiene tres cintas. La cinta roja mide $\frac{2}{4}$ de pie de longitud. La cinta verde mide $\frac{2}{3}$ de pie de longitud. La cinta amarilla mide $\frac{2}{6}$ de pie de longitud. Quiere usar la cinta más larga para un proyecto. ¿Qué color de cinta debería usar Delia?

_____

_____

9. **ESCRIBE** ▸*Matemáticas* Describe cómo te pueden ayudar las tiras fraccionarias a ordenar fracciones.

_____

_____

_____

Repaso de la lección

1. Ordena las fracciones de menor a mayor.

$$\frac{1}{8}, \frac{1}{3}, \frac{1}{6}$$

_____

2. Ordena las fracciones de mayor a menor.

$$\frac{3}{6}, \frac{3}{4}, \frac{3}{8}$$

_____

Repaso en espiral

3. ¿Qué fracción del grupo de carros está sombreada?

_____

4. Wendy tiene 6 frutas, de las cuales 2 son plátanos. ¿Qué fracción de las frutas de Wendy representan los plátanos?

_____

5. Toby reúne información sobre las mascotas de sus compañeros y hace una gráfica de barras. Halla que 9 de sus compañeros tienen perros, 2 tienen peces, 6 tienen gatos y 3 tienen hámsters. ¿Cuál de las mascotas tendrá la barra más larga en la gráfica de barras?

_____

6. ¿De qué propiedad de la multiplicación es el enunciado numérico un ejemplo?

$$6 \times 7 = (6 \times 5) + (6 \times 2)$$

_____

PRACTICA MÁS CON EL
Entrenador personal
en matemáticas

Nombre _____

Hacer modelos de fracciones equivalentes

Pregunta esencial ¿Cómo puedes usar modelos para hallar fracciones equivalentes?

Objetivo de aprendizaje Usarás modelos de áreas y rectas numéricas para reconocer y formar fracciones equivalentes.

Investigar

Materiales ■ hoja de papel ■ crayón o lápiz de color

Dos o más fracciones que indican la misma cantidad son **fracciones equivalentes**. Puedes usar una hoja de papel para representar fracciones equivalentes a $\frac{1}{2}$.

A. Primero, dobla una hoja de papel en dos partes iguales. Abre la hoja y cuenta las partes.

Hay _____ partes iguales. Cada parte es _____ de la hoja.

Sombrea una de las mitades. Escribe $\frac{1}{2}$ en cada una de las mitades.

B. A continuación, dobla la hoja por la mitad dos veces. Abre la hoja.

Ahora hay _____ partes iguales. Cada parte

es _____ del papel.

Escribe $\frac{1}{4}$ en cada uno de los cuartos.

Observa las partes sombreadas. $\frac{1}{2} = \dfrac{}{4}$

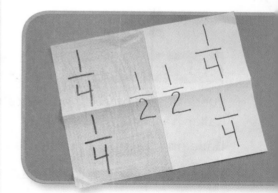

C. Por último, dobla la hoja por la mitad tres veces.

Ahora hay _____ partes iguales. Cada parte

es _____ de la hoja.

Escribe $\frac{1}{8}$ en cada uno de los octavos.

Halla las fracciones equivalentes a $\frac{1}{2}$ en la hoja.

Entonces, $\frac{1}{2}$, ____ , y ____ son equivalentes.

Sacar conclusiones

1. Explica cuántas partes de $\frac{1}{8}$ son equivalentes a una parte de $\frac{1}{4}$ en la hoja.

_____

_____

2. **PIENSA MÁS** ¿Qué observas sobre cómo cambiaron los numeradores para la parte sombreada a medida que doblabas la hoja? _____

¿Qué te dice eso sobre el cambio en la cantidad de partes? _____

¿Cómo cambiaron los denominadores en la parte sombreada a medida que doblabas la hoja?

_____

¿Qué te dice eso sobre el cambio en el tamaño de las partes? _____

Hacer conexiones

Puedes usar una recta numérica para hallar fracciones equivalentes.

Halla una fracción equivalente a $\frac{2}{3}$.

Materiales ▪ tiras fraccionarias

Charla matemática PRÁCTICAS Y PROCESOS MATEMÁTICOS ②

Usa el razonamiento Explica cómo se relaciona el número de sextos en una distancia de la recta numérica con el número de tercios en la misma distancia.

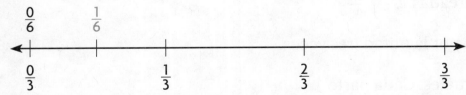

PASO 1 Marca un punto en la recta numérica para representar la distancia $\frac{2}{3}$.

PASO 2 Usa tiras fraccionarias para dividir la recta numérica en sextos. Al final de cada tira, dibuja una marca en la recta numérica y rotula las marcas para indicar sextos.

PASO 3 Identifica la fracción que indica el mismo punto que $\frac{2}{3}$. _____

Entonces, $\frac{2}{3} = \dfrac{}{6}$.

Nombre _____

Sombrea el modelo. Luego divide las partes para hallar la fracción equivalente.

1.

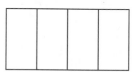

$$\frac{1}{4} = \frac{}{8}$$

2.

$$\frac{2}{3} = \frac{}{6}$$

Usa la recta numérica para hallar la fracción equivalente.

3.

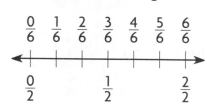

$$\frac{1}{2} = \frac{}{6}$$

4.

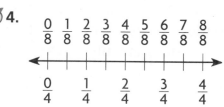

$$\frac{3}{4} = \frac{}{8}$$

Resolución de problemas • Aplicaciones En el mundo

5. PRÁCTICAS Y PROCESOS MATEMÁTICOS **6** **Explica** por qué $\frac{2}{2} = 1$.
Escribe otra fracción que sea igual a 1.
Dibuja para justificar tu respuesta.

_____

_____

_____

Entrenador personal en matemáticas

6. PIENSA MÁS ➕ En los ejercicios 6a a 6d, elige Verdadero o Falso para indicar si las fracciones son equivalentes.

6a. $\frac{6}{6}$ y $\frac{3}{3}$ ○ Verdadero   ○ Falso

6b. $\frac{4}{6}$ y $\frac{1}{3}$ ○ Verdadero   ○ Falso

6c. $\frac{2}{3}$ y $\frac{3}{6}$ ○ Verdadero   ○ Falso

6d. $\frac{1}{3}$ y $\frac{2}{6}$ ○ Verdadero   ○ Falso

Resume

Puedes *resumir* la información de un problema subrayándolo o escribiendo la información que necesitas para responder a una pregunta.

Lee el problema. Subraya la información importante.

7. **PIENSA MÁS** La Sra. Akers compró tres emparedados del mismo tamaño. Cortó el primero en tercios. Cortó el segundo en cuartos y el tercero, en sextos. Marian comió 2 partes del primer emparedado. Jason comió 2 partes del segundo emparedado. Marcos comió 3 partes del tercer emparedado. ¿Quiénes comieron la misma cantidad de un emparedado? Explícalo.

El primer emparedado se cortó en _____.	El segundo emparedado se cortó en _____.	El tercer emparedado se cortó en _____.
Marian comió _____ partes del emparedado. Sombrea la parte que comió Marian.	Jason comió _____ partes del emparedado. Sombrea la parte que comió Jason.	Marcos comió _____ partes del emparedado. Sombrea la parte que comió Marcos.
Marian comió —— del primer emparedado.	Jason comió —— del segundo emparedado.	Marcos comió —— del tercer emparedado.

¿Son equivalentes todas las fracciones? _____

¿Qué fracciones son equivalentes? —— = ——

Entonces, _____ y _____ comieron la misma cantidad de un emparedado.

Nombre _____

Representar fracciones equivalentes

Objetivo de aprendizaje Usarás modelos de áreas y rectas numéricas para reconocer y formar fracciones equivalentes.

Sombrea el modelo. Luego divide las partes para hallar la fracción equivalente.

1.

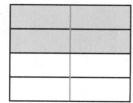

$$\frac{2}{4} = \frac{4}{8}$$

Usa la recta numérica para hallar la fracción equivalente.

2.

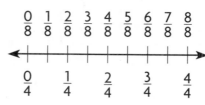

$$\frac{3}{4} = \frac{}{8}$$

Resolución de problemas · En el mundo

3. Mike dice que $\frac{3}{3}$ de su modelo de fracción están sombreados en azul. Ryan dice que $\frac{6}{6}$ del mismo modelo están sombreados en azul. ¿Son equivalentes las dos fracciones? Si es así, ¿cuál es otra fracción equivalente?

4. Brett sombreó $\frac{4}{8}$ de una hoja de cuaderno. Aisha dice que él sombreó $\frac{1}{2}$ de la hoja. ¿Son equivalentes las dos fracciones? Si es así, ¿cuál es otra fracción equivalente?

_____

_____

5. **ESCRIBE** *Matemáticas* Traza una recta numérica que muestre dos fracciones equivalentes. Rotula tu recta numérica y explica cómo sabes que las fracciones son equivalentes.

_____

_____

Repaso de la lección

1. Nombra una fracción equivalente a $\frac{2}{3}$.

_____

2. Halla la fracción equivalente a $\frac{1}{4}$.

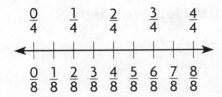

_____

Repaso en espiral

3. Esta semana, Eric practicó piano y guitarra durante un total de 8 horas. Practicó piano durante $\frac{1}{4}$ de ese tiempo. ¿Durante cuántas horas practicó piano Eric esta semana?

_____

4. Kylee compró un paquete de 12 galletas. Un tercio de las galletas son de mantequilla de cacahuete. ¿Cuántas galletas del paquete son de mantequilla de cacahuete?

_____

5. 56 estudiantes asistirán al partido. El entrenador ubica a 7 estudiantes en cada camioneta. ¿Cuántas camionetas se necesitan para llevar a los estudiantes al partido?

_____

_____

6. Escribe una ecuación de división para la ilustración.

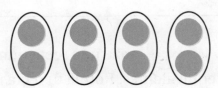

_____

_____

PRACTICA MÁS CON EL
Entrenador personal en matemáticas

Fracciones equivalentes

Pregunta esencial ¿Cómo puedes usar modelos para indicar fracciones equivalentes?

Objetivo de aprendizaje Dibujarás círculos y sombrearás modelos de área para mostrar grupos iguales y hallar fracciones equivalentes.

Soluciona el problema

Cris llevó un emparedado grande a la merienda al aire libre. Repartió el emparedado entre 3 amigos en partes iguales. Cortó el emparedado en octavos. ¿Cuáles son dos maneras de describir qué parte del emparedado comió cada uno de los amigos?

Cris agrupó las partes pequeñas de a dos. Dibuja círculos para mostrar grupos iguales de dos partes e indicar cuánto comió cada uno de los amigos.

- ¿Cuántas personas compartieron el emparedado?

_____

Hay 4 grupos iguales. Cada grupo es $\frac{1}{4}$ del emparedado entero. Entonces, cada uno de los amigos comió $\frac{1}{4}$ del emparedado.

¿Cuántos octavos comió cada uno de los amigos? _____

$\frac{1}{4}$ y _____ son fracciones equivalentes puesto que ambas

indican la _____ cantidad del emparedado.

Entonces, $\frac{1}{4}$ y _____ del emparedado son dos maneras de describir qué parte del emparedado comió cada uno de los amigos.

¡Inténtalo! **Encierra grupos iguales en un círculo. Escribe una fracción equivalente para la parte sombreada del entero.**

Charla matemática PRÁCTICAS Y PROCESOS MATEMÁTICOS ③

Aplica ¿De qué otra manera pudiste haber encerrado en un círculo los grupos iguales?

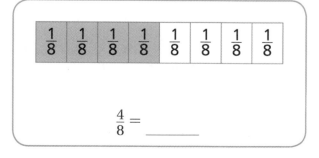

$$\frac{4}{8} = \underline{\quad\quad}$$

🔑 Ejemplo Representa el problema.

Heidi se comió $\frac{3}{6}$ de su barra de frutas. Molly se comió $\frac{4}{8}$ de su barra de frutas, que es del mismo tamaño. ¿Qué niña se comió más de su barra de frutas?

Sombrea $\frac{3}{6}$ de la barra de frutas de Heidi y $\frac{4}{8}$ de la barra de frutas de Molly.

• ¿Es $\frac{3}{6}$ mayor que, menor que o igual a $\frac{4}{8}$? _____

Entonces, ambas niñas se comieron la _____ cantidad.

Heidi

$\frac{1}{6}$	$\frac{1}{6}$	$\frac{1}{6}$
$\frac{1}{6}$	$\frac{1}{6}$	$\frac{1}{6}$

Molly

$\frac{1}{8}$	$\frac{1}{8}$	$\frac{1}{8}$	$\frac{1}{8}$
$\frac{1}{8}$	$\frac{1}{8}$	$\frac{1}{8}$	$\frac{1}{8}$

¡Inténtalo! Cada figura es 1 entero. Escribe una fracción equivalente para la parte sombreada de los modelos.

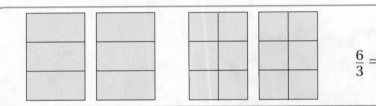

$\frac{6}{3} = \frac{}{6}$

Comparte y muestra MATH BOARD

Charla matemática PRÁCTICAS Y PROCESOS MATEMÁTICOS ②

Usa el razonamiento Explica por qué ambas fracciones indican la misma cantidad.

1. Cada figura es 1 entero. Usa el modelo para hallar la fracción equivalente.

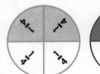

$\frac{2}{4} = \frac{}{2}$

Cada figura es 1 entero. Sombrea el modelo para hallar la fracción equivalente.

✓ 2.

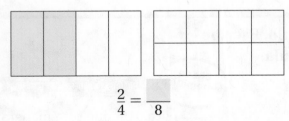

$\frac{2}{4} = \frac{}{8}$

3.

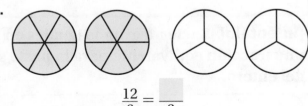

$\frac{12}{6} = \frac{}{3}$

4. Andy nadó $\frac{8}{8}$ de milla en una carrera. Usa la recta numérica para hallar una fracción que sea equivalente a $\frac{8}{8}$.

$\frac{8}{8} = \underline{}$

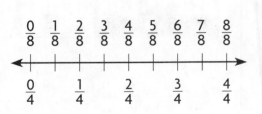

546

Encierra grupos iguales en un círculo para hallar la fracción equivalente.

5.

$$\frac{3}{6} = \frac{}{2}$$

6.

$$\frac{6}{6} = \frac{}{3}$$

Por tu cuenta

Cada figura es 1 entero. Sombrea el modelo para hallar la fracción equivalente.

7.

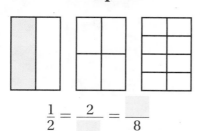

$$\frac{1}{2} = \frac{2}{} = \frac{}{8}$$

8.

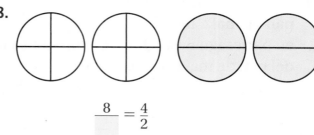

$$\frac{8}{} = \frac{4}{2}$$

Encierra grupos iguales en un círculo para hallar la fracción equivalente.

9.

$$\frac{6}{8} = \frac{}{4}$$

10.

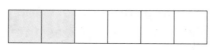

$$\frac{2}{6} = \frac{}{3}$$

11. Escribe la fracción que indica la parte sombreada de cada círculo.

_____   _____   _____   _____   _____

¿Qué pares de fracciones son equivalentes? _____

12. **PRÁCTICAS Y PROCESOS MATEMÁTICOS ③** **Aplica** Matt cortó su pizza pequeña en 6 trozos iguales y se comió 4 trozos. Josh cortó su pizza pequeña, que es del mismo tamaño, en 3 trozos iguales y se comió 2 trozos. Escribe fracciones para indicar la cantidad que se comió cada uno. ¿Son equivalentes las fracciones? Haz un dibujo para explicarlo.

_____

Resolución de problemas • Aplicaciones En el mundo

13. **MÁS AL DETALLE** Christy compró 8 panecillos. Eligió 2 de manzana, 2 de plátano y 4 de arándano. Ella y su familia se comieron los panecillos de manzana y de plátano en el desayuno. ¿Qué fracción de los panecillos se comieron? Escribe una fracción equivalente. Haz un dibujo.

_____

_____

14. **PIENSA MÁS** Después de la cena, sobraron $\frac{2}{3}$ del pan de maíz. Imagina que 4 amigos quieren repartirlo en partes iguales. ¿Qué fracción indica la parte del pan de maíz entero que recibirá cada amigo? Usa el modelo que está a la derecha. Explica tu respuesta.

 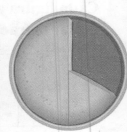

_____

_____

15. Hay 16 personas almorzando. Cada persona quiere $\frac{1}{4}$ de una pizza. ¿Cuántas pizzas enteras se necesitan? Haz un dibujo para indicar tu respuesta.

_____

16. Lucy tiene 5 barras de avena, cada una cortada a la mitad. ¿Qué fracción indica todas las mitades de barras de avena? $\dfrac{}{2}$

¿Qué pasaría si Lucy cortara cada parte de las barras de avena en 2 partes iguales para compartirlas con amigos? ¿Ahora qué fracción indica todas las mitades de barras de avena? $\dfrac{}{4}$

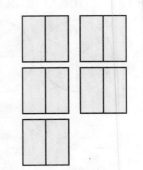

$\dfrac{}{2}$ y $\dfrac{}{4}$ son fracciones equivalentes.

17. **PIENSA MÁS** El Sr. Peters preparó una pizza. Sobraron $\frac{4}{8}$ de la pizza. Elige las fracciones que son equivalentes a la parte de la pizza que sobró. Marca todas las respuestas que correspondan.

(A) $\frac{5}{8}$ (B) $\frac{3}{4}$ (C) $\frac{2}{4}$ (D) $\frac{1}{2}$

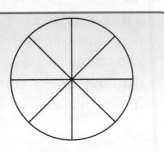

Nombre _____

Fracciones equivalentes

Objetivo de aprendizaje Dibujarás círculos y sombrearás modelos de área para mostrar grupos iguales y hallar fracciones equivalentes.

Cada figura es 1 entero. Sombrea el modelo para hallar la fracción equivalente.

1.
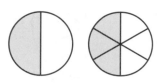

$$\frac{1}{2} = \frac{3}{6}$$

2.
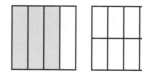

$$\frac{3}{4} = \frac{6}{\quad}$$

Encierra grupos iguales en un círculo para hallar la fracción equivalente.

3.
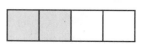

$$\frac{2}{4} = \frac{\quad}{2}$$

4.
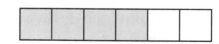

$$\frac{4}{6} = \frac{\quad}{3}$$

Resolución de problemas · En el mundo

5. May pintó de azul 4 de las 8 partes iguales de un cartón para cartel. Jared pintó de rojo 2 de las 4 partes iguales de un cartón para cartel del mismo tamaño. Escribe fracciones para mostrar qué parte de cada cartón pintó cada persona.

_____

6. **ESCRIBE** ▸ *Matemáticas* Explica cómo puedes calcular una fracción equivalente a $\frac{1}{4}$.

_____

_____

© Houghton Mifflin Harcourt Publishing Company

Repaso de la lección

1. ¿Qué fracción es equivalente a $\frac{6}{8}$?

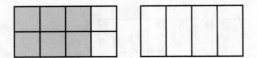

_____

2. ¿Qué fracción es equivalente a $\frac{1}{3}$?

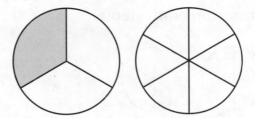

_____

Repaso en espiral

3. ¿Qué enunciado numérico de división se muestra en la matriz?

_____

4. Cody puso 4 platos en la mesa. Colocó 1 manzana en cada plato. ¿Qué enunciado numérico puede usarse para hallar la cantidad total de manzanas que hay en la mesa?

_____

5. Escribe un enunciado numérico de división que sea una operación relacionada con $7 \times 3 = 21$.

_____

6. Halla el cociente.

$$4\overline{)36}$$

_____

PRACTICA MÁS CON EL
Entrenador personal en matemáticas

✓Repaso y prueba del Capítulo 9

Entrenador personal en matemáticas
Evaluación e
intervención en línea

1. Alexa y Rose leen libros que tienen la misma cantidad de páginas. El libro de Alexa está dividido en 8 capítulos iguales. El libro de Rose está dividido en 6 capítulos iguales. Cada niña ha leído 3 capítulos de su libro.

   Escribe una fracción para describir la parte del libro que ha leído cada niña. Luego indica quién leyó más páginas. Explícalo.

   _____

   _____

   _____

2. David, María y Simone están sombreando tarjetas del mismo tamaño para un proyecto de ciencias. David sombreó $\frac{2}{4}$ de su tarjeta. María sombreó $\frac{2}{8}$ de su tarjeta y Simone sombreó $\frac{2}{6}$ de su tarjeta.

   En los ejercicios 2a a 2d, elige Sí o No para indicar si las comparaciones son correctas.

   2a. $\frac{2}{4} > \frac{2}{8}$ ○ Sí ○ No

   2b. $\frac{2}{8} > \frac{2}{6}$ ○ Sí ○ No

   2c. $\frac{2}{6} < \frac{2}{4}$ ○ Sí ○ No

   2d. $\frac{2}{8} = \frac{2}{4}$ ○ Sí ○ No

3. Dan y Miguel trabajan en la misma tarea. Dan ha completado $\frac{2}{8}$ de la tarea. Miguel ha completado $\frac{3}{4}$ de la tarea. ¿Qué afirmación es correcta? Marca todas las respuestas que correspondan.

   Ⓐ Miguel ha hecho toda la tarea.

   Ⓑ Dan no ha hecho toda la tarea.

   Ⓒ Miguel ha hecho más tarea que Dan.

   Ⓓ Dan y Miguel han hecho partes iguales de la tarea.

Opciones de evaluación
Prueba del capítulo

4. Bryan cortó dos duraznos del mismo tamaño para el almuerzo. Cortó un durazno en cuartos y el otro en sextos. Bryan se comió $\frac{3}{4}$ del primer durazno. Su hermano se comió $\frac{5}{6}$ del otro. ¿Quién comió más durazno? Explica la estrategia que usaste para resolver el problema.

_____

_____

_____

5. Un parque natural ofrece 2 caminatas guiadas. La caminata de la mañana es de $\frac{2}{3}$ de milla. La caminata de la tarde es de $\frac{3}{6}$ de milla. ¿Qué caminata es más corta? Explica cómo puedes usar el modelo para hallar la respuesta.

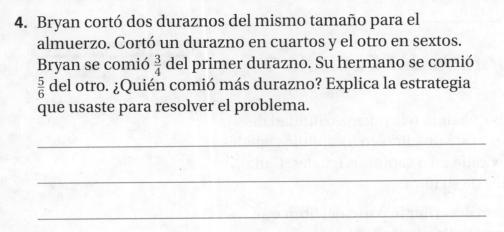

_____

_____

6. Chun vive a $\frac{3}{8}$ de milla de la escuela. Gail vive a $\frac{5}{8}$ de milla de la escuela.

Usa las fracciones y los símbolos para mostrar cuál es la mayor distancia.

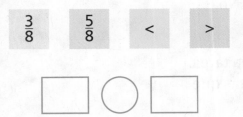

▢ ◯ ▢

552

Nombre _____

7. **PIENSA MÁS** La Sra. Reed horneó cuatro bandejas de lasaña para una fiesta familiar. Usa los rectángulos para representar las bandejas.

Parte A

Traza líneas para mostrar cómo la Sra. Reed podría cortar una bandeja de lasaña en tercios, otra en cuartos, otra en sextos y otra en octavos.

Parte B

Al final de la cena, sobraron cantidades equivalentes de lasaña en dos bandejas. Usa los modelos para mostrar la lasaña que podría haber sobrado. Escribe dos pares de fracciones equivalentes que representen el modelo.

_____

8. Tom recorrió $\frac{4}{6}$ de milla a caballo. Liz recorrió la misma distancia con su caballo. ¿Qué fracción equivalente describe la distancia que recorrió Liz? Usa los modelos para mostrar tu trabajo.

_____

9. Avery prepara 2 naranjas del mismo tamaño para los murciélagos del zoológico. Un plato tiene $\frac{3}{8}$ de una naranja. Otro plato tiene $\frac{2}{8}$ de una naranja. ¿Cuál de los platos tiene más naranja? Muestra tu trabajo.

_____

10. Jenna pintó $\frac{1}{8}$ de un lado de una cerca. Mark pintó $\frac{1}{6}$ del otro lado de la misma cerca. Usa $>$, $=$ o $<$ para comparar las partes que han pintado.

_____

11. Bill usó $\frac{1}{3}$ de taza de pasas y $\frac{2}{3}$ de taza de pedacitos de plátano para hacer un refrigerio.

En los ejercicios 11a a 11d, elige Verdadero o Falso para cada comparación.

11a. $\frac{1}{3} > \frac{2}{3}$	○ Verdadero	○ Falso
11b. $\frac{2}{3} = \frac{1}{3}$	○ Verdadero	○ Falso
11c. $\frac{1}{3} < \frac{2}{3}$	○ Verdadero	○ Falso
11d. $\frac{2}{3} > \frac{1}{3}$	○ Verdadero	○ Falso

12. **MÁS AL DETALLE** Jorge, Lynne y Crosby se encuentran en el patio de juegos. Jorge vive a $\frac{5}{6}$ de milla del patio de juegos. Lynne vive a $\frac{5}{6}$ de milla del patio de juegos. Crosby vive a $\frac{7}{8}$ de milla del patio de juegos.

Parte A

¿Quién vive más cerca del patio de juegos, Jorge o Lynne? Explica cómo lo sabes.

_____

_____

_____

Parte B

¿Quién vive más cerca del patio de juegos, Jorge o Crosby? Explica cómo lo sabes.

_____

_____

_____

554

13. Ming necesita $\frac{1}{2}$ pinta de pintura roja para un proyecto de arte. Tiene 6 tarros que tienen las siguientes cantidades de pintura roja. Quiere usar solo un tarro de pintura. Marca todos los tarros que podría usar Ming.

(A) $\frac{2}{3}$ de pinta

(B) $\frac{1}{4}$ de pinta

(C) $\frac{4}{6}$ de pinta

(D) $\frac{3}{4}$ de pinta

(E) $\frac{3}{8}$ de pinta

(F) $\frac{2}{6}$ de pinta

14. Hay 12 personas almorzando. Cada una quiere $\frac{1}{3}$ de emparedado. ¿Cuántos emparedados se necesitan? Usa los modelos para mostrar tu respuesta.

```
┌──────────────┐  ┌──────────────┐  ┌──────────────┐
│              │  │              │  │              │
└──────────────┘  └──────────────┘  └──────────────┘

┌──────────────┐  ┌──────────────┐  ┌──────────────┐
│              │  │              │  │              │
└──────────────┘  └──────────────┘  └──────────────┘
```

_____ emparedados

15. Marvin mezcla $\frac{2}{4}$ cuartos de jugo de manzana con $\frac{1}{2}$ cuarto de jugo de arándanos. Compara las fracciones. Elige el símbolo que hace que la oración sea verdadera.

$$\frac{2}{4} \quad \begin{array}{|c|} \hline < \\ = \\ > \\ \hline \end{array} \quad \frac{1}{2}$$

16. Pat tiene tres trozos de tela que miden $\frac{3}{6}$, $\frac{5}{6}$ y $\frac{2}{6}$ de yarda de longitud. Escribe las longitudes en orden, de menor a mayor.

_____

17. Cora mide las alturas de tres plantas. Traza una línea para combinar cada altura de la izquierda con la palabra de la derecha que describe su posición en el orden de alturas.

$\frac{4}{6}$ de pie •   • la menor

$\frac{4}{4}$ de pie •   • intermedia

$\frac{4}{8}$ de pie •   • la mayor

18. Danielle dibujó un modelo para mostrar fracciones equivalentes.

Usa el modelo para completar el enunciado numérico.

$\frac{1}{2} =$ _____ = _____

19. Floyd pescó un pez que pesaba $\frac{2}{3}$ de libra. Kira pescó un pez que pesaba $\frac{7}{8}$ de libra. ¿Qué pescado pesaba más? Explica la estrategia que usaste para resolver el problema.

_____

_____

_____

20. Sam dio un paseo en un velero. El paseo duró $\frac{3}{4}$ de hora.

¿Qué fracción es equivalente a $\frac{3}{4}$?

_____

Medición

Desarrollar una comprensión conceptual de la medición, que incluye medidas de tiempo (la hora), lineales y de volumen. Desarrollar conceptos de área y perímetro.

Para diseñar y construir un patio de juegos seguro y entretenido, se usan instrumentos de medición y datos.

Diseña un parque

¿Hay un parque en tu escuela, tu vecindario o en un parque cercano? Los parques son un espacio seguro y divertido al aire libre para que trepes, te columpies, te deslices y juegues.

Para comenzar   ESCRIBE ▸ *Matemáticas*

Datos importantes

Componentes del patio de juegos

- Banco
- Barras
- Casita para jugar
- Caja de arena
- Subibaja
- Tobogán
- Columpios
- Fuente

Imagina que quieres ayudar a diseñar un parque para una zona de tu vecindario.

- Dibuja un rectángulo grande en el papel cuadriculado para mostrar un cerco alrededor del parque. Cuenta la cantidad de unidades que hay en cada lado del parque para hallar la distancia alrededor del patio de juegos. Anota la distancia.

- Usa los Datos importantes como ayuda para decidir qué componentes tendrá el parque. Sombrea partes de tu parque para mostrar la ubicación de cada componente. Luego halla la cantidad de cuadrados de una unidad que ocupa cada componente y anótala en tu diseño.

▲ En esta ilustración se muestra el diseño de un parque.

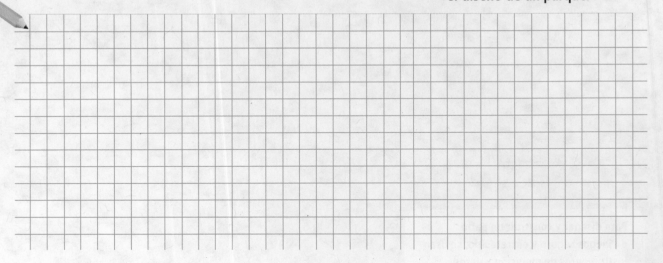

Completado por _____

Hora, longitud, volumen de un líquido y masa

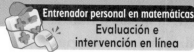
✓ Muestra lo que sabes

Comprueba si comprendes las destrezas importantes.

Nombre _____

▶ **Las horas y media** **Lee el reloj. Escribe la hora.**

1.

 _____

2.

 _____

▶ **Contar de cinco en cinco**

Cuenta de cinco en cinco. Escribe los números que faltan.

3. 5, 10, 15, _____, 25, _____, 35   **4.** 55, 60, _____, 70, _____, _____, 85

▶ **Pulgadas** **Usa una regla para medir la longitud a la pulgada más próxima.**

5.

alrededor de _____ pulgadas

6.

alrededor de _____ pulgada

Detective matemático

Para hallar la cantidad de luz de día que hay cada día, puedes observar la hora a la que amanece y la hora a la que atardece. En la tabla se muestra la hora a la que amaneció y atardeció del 10 de enero al 14 de enero en Philadelphia, Pennsylvania. Halla qué día tuvo la menor cantidad de luz de día y qué día tuvo la mayor cantidad de luz de día.

Horas del amanecer y del atardecer

Fecha	Amanecer	Atardecer
10 de enero	7:22 a. m.	4:55 p. m.
11 de enero	7:22 a. m.	4:56 p. m.
12 de enero	7:22 a. m.	4:57 p. m.
13 de enero	7:21 a. m.	4:58 p. m.
14 de enero	7:21 a. m.	4:59 p. m.

Desarrollo del vocabulario

▶ Visualízalo

Completa el organizador gráfico con las palabras marcadas con ✓. Ordena las palabras de la que indica más tiempo a la que indica menos tiempo.

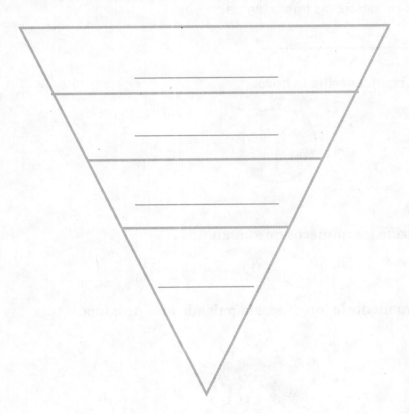

Palabras de repaso

cuarto

✓ cuarto de hora

✓ hora (h)

✓ media hora

medio

pulgada (pulg)

reloj analógico

reloj digital

Palabras nuevas

a. m.

gramo (g)

kilogramo (kg)

litro (l)

masa

medianoche

mediodía

✓ minuto (min)

p. m.

tiempo transcurrido

volumen de un líquido

▶ Comprende el vocabulario

Escribe la palabra para resolver el acertijo.

1. Aparezco escrito junto a las horas que están después de la medianoche y antes del mediodía. _____

2. Soy el momento cuando son las 12:00 durante el día. _____

3. Soy la cantidad de líquido que contiene un recipiente. _____

4. Soy el tiempo que pasa desde el inicio de una actividad hasta su finalización. _____

5. Soy la cantidad de materia que tiene un objeto. _____

- **Libro interactivo del estudiante**
- **Glosario multimedia**

Vocabulario Capítulo 10

a. m.

A.M.

1

gramo (g)

gram (g)

29

kilogramo (kg)

kilogram (kg)

31

litro (L)

liter (L)

36

masa

mass

38

medianoche

Midnight

41

mediodía

Noon

42

minuto

minute

44

Unidad métrica que se usa para medir masa.
1 kilogramo = 1,000 gramos

Un clip pequeño tiene una masa
aproximada de 1 gramo.

Momento después de la medianoche y antes
del mediodía

Unidad métrica que se usa para medir la
capacidad y el volumen de un líquido.
1 litro = 1,000 mililitros

1 litro

Unidad métrica que se usa para medir masa.
1 kilogramo = 1,000 gramos

Una caja de clips tiene una masa
aproximada de 1 kilogramo.

12:00 de la noche

Medianoche

La cantidad de materia en un objeto

Unidades que se usan para medir cantidades
cortas de tiempo. En un reloj analógico,
el minutero se mueve de una marca a la
próxima en un minuto.   minuto

12:00 del día

Mediodía

Vocabulario Capítulo 10 *(continuación)*

mitades

Halves

45

p. m.

P.M.

55

tiempo transcurrido

Elapsed Time

80

volumen líquido

liquid volume

85

Momento después del mediodía y antes de la medianoche.

P.M.

Estas son mitades.

La cantidad de líquido en un envase

1 taza = 8 onzas líquidas

1 pinta = 2 tazas

1 cuarto = 4 tazas

Tiempo que pasa desde el inicio hasta el final de una actividad.

Entonces, el tiempo transcurrido es 43 minutos.

Visita a la plaza de juegos

Para 2 jugadores

Recuadro de palabras

a. m.
gramo (g)
kilogramo (kg)
litro (L)
masa
medianoche
mediodía
minuto
p. m.
tiempo transcurrido
volumen de un líquido

Materiales

- 1 pieza de juego roja
- 1 pieza de juego azul
- 1 cubo numerado

Instrucciones

1. Cada jugador elige una pieza de juego y la coloca en la SALIDA.

2. Cuando sea tu turno, lanza el cubo numerado. Avanza tu pieza de juego ese número de casillas.

3. Si caes en las siguientes casillas:

Casilla blanca Explica el significado del término matemático o úsalo en una oración. Si tu respuesta es correcta, avanza hasta la próxima casilla que tiene el mismo término. Si tu respuesta no es correcta, quédate donde estás.

Casilla verde Sigue las instrucciones de la casilla. Si no tiene instrucciones, quédate donde estás.

4. Ganará la partida el primer jugador que alcance la LLEGADA.

Juego

INSTRUCCIONES
1. Cada jugador elige una pieza de juego y la coloca en la SALIDA.
2. Cuando sea tu turno, lanza el cubo numerado. Avanza tu pieza de juego ese número de casillas.
3. Si caes en las siguientes casillas:
   - Casilla blanca: Explica el significado del término matemático o úsalo en una oración. Si tu respuesta es correcta, avanza hasta la próxima casilla que tiene el mismo término. Si tu respuesta no es correcta, quédate donde estás.
   - Casilla verde: Sigue las instrucciones de la casilla. Si no tiene instrucciones, quédate donde estás.
4. Ganará la partida el primer jugador que alcance la LLEGADA.

MATERIALES
- 1 pieza de juego roja
- 1 pieza de juego azul
- 1 cubo numerado

560B

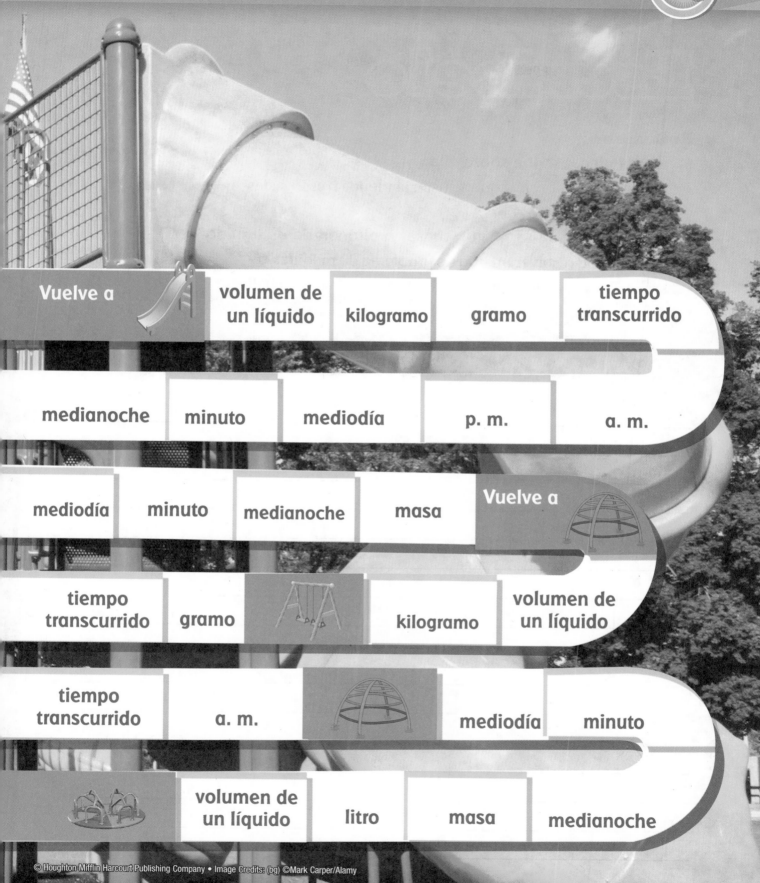

Vuelve a

volumen de un líquido

kilogramo

gramo

tiempo transcurrido

medianoche

minuto

mediodía

p. m.

a. m.

mediodía

minuto

medianoche

masa

Vuelve a

tiempo transcurrido

gramo

kilogramo

volumen de un líquido

tiempo transcurrido

a. m.

mediodía

minuto

volumen de un líquido

litro

masa

medianoche

Diario

Escríbelo

Elige una idea. Escribe sobre ella.

- Escribe un párrafo en el que se usen al menos **tres** de estas palabras o frases:

  gramo   kilogramo   litro   masa   volumen de un líquido

- Explica cómo resolver un tipo de problema de medidas.
- Escribe dos preguntas que tengas sobre decir la hora o hallar intervalos de tiempo.

LA HORA AL MINUTO

Pregunta esencial ¿Cómo puedes decir la hora al minuto más próximo?

Objetivo de aprendizaje Darás y escribirás la hora al minuto más cercano, usando relojes analógicos y digitales para escribir una forma de decir qué hora es.

🔑 Soluciona el problema

El 2 de febrero es el Día de la Marmota. Se dice que si una marmota puede ver su propia sombra esa mañana, el invierno durará 6 semanas más. En el reloj se muestra la hora en que la marmota vio su sombra. ¿Qué hora era?

- Subraya la pregunta.
- ¿Dónde buscarás para hallar la hora?

_____

🔑 Ejemplo

Observa la hora en la esfera del reloj.

- ¿Qué te indica el horario?

_____

- ¿Qué te indica el minutero?

_____

En 1 **minuto**, el minutero se desplaza de una marca a la siguiente en un reloj. El minutero tarda 5 minutos en desplazarse de un número al siguiente.

Puedes contar de cinco en cinco para decir la hora redondeada a los cinco minutos. Cuenta el cero en el 12.

0, 5, 10, 15, _____, _____, _____, _____

Entonces, la marmota vio su sombra a las _____.

Escribe: 7:35

Lee:

- las siete y _____

- las _____ y treinta y cinco minutos

PRÁCTICAS Y PROCESOS MATEMÁTICOS ①

Razonamiento abstracto ¿Cómo te ayuda contar de cinco en cinco a decir la hora cuando el minutero señala un número?

- ¿Es 7:35 un resultado razonable? Explícalo. _____

La hora en minutos

Cuenta de cinco en cinco y de uno en uno como ayuda.

🔑 De una manera Halla cuántos minutos pasaron después de la hora.

Observa la hora en la esfera del reloj.

• ¿Qué te indica el horario?

_____

• ¿Qué te indica el minutero?

_____

Cuenta en el reloj de cinco en cinco y de uno en uno, desde el número 12 hasta donde señala el minutero. Escribe junto al reloj los números positivos que faltan.

Cuando en un reloj se muestra que pasaron 30 minutos o menos después de la hora, puedes leer la hora como el número de minutos que *pasaron* después de la hora.

Escribe: _____

Lee:

• la _____ y veintitrés minutos

• la una y _____

🔑 De otra manera Halla cuántos minutos faltan para la hora.

Observa la hora en la esfera del reloj.

• ¿Qué te indica el horario?

_____

• ¿Qué te indica el minutero?

_____

Ahora cuenta hacia atrás de cinco en cinco y de uno en uno desde el 12 hasta donde señala el minutero. Escribe junto al reloj los números positivos que faltan.

Cuando un reloj muestra que pasaron 31 minutos o más después de la hora, puedes leer la hora como un número de minutos que *faltan* para la hora siguiente.

Escribe: 2:43

Lee:

• las tres menos diecisiete _____

• las dos y _____

 Para evitar errores

Recuerda que para indicar el tiempo que *pasó* después de la hora se usa la hora anterior y que para indicar el tiempo que *falta* para la hora se usa la hora que le sigue.

Nombre _____

1. ¿Cómo usarías el recurso de contar y el minutero para hallar la hora que se muestra en el reloj? Escribe la hora.

_____

Escribe la hora. Escribe una manera en que puedes leer la hora.

2.

_____

_____

3.

_____

_____

4.

_____

_____

Charla matemática

PRÁCTICAS Y PROCESOS MATEMÁTICOS 3

Aplica ¿Cómo sabes cuándo debes dejar de contar de cinco en cinco y comenzar a contar de uno en uno cuando cuentas los minutos que pasaron desde la hora?

Por tu cuenta

Escribe la hora. Escribe una manera en que puedes leer la hora.

5.

_____

_____

6.

_____

_____

7.

_____

_____

PRÁCTICAS Y PROCESOS MATEMÁTICOS 2 **Representa un problema** **Escribe la hora de otra manera.**

8. las 5 y 34 minutos

_____

9. las 6 menos 11 minutos

_____

10. las 11 y 22 minutos

_____

11. las 12 menos 5 minutos

_____

Resolución de problemas · Aplicaciones En el mundo

Usa los relojes para resolver los problemas 12 y 13.

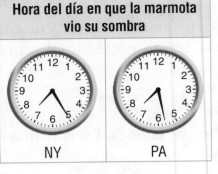

Hora del día en que la marmota vio su sombra

NY   PA

12. En el Día de la Marmota, ¿cuántos minutos más tarde vio la marmota su sombra en Pennsylvania que en New York?

_____

13. **MÁS AL DETALLE** ¿Qué pasaría si la marmota en Pennsylvania viera su sombra 5 minutos más tarde? ¿Qué hora sería?

_____

14. Si observas tu reloj cuando el horario está entre el 8 y el 9 y el minutero está en el 11, ¿qué hora es?

_____

15. **PIENSA MÁS** ¿Qué hora es cuando el horario y el minutero señalan el mismo número? Aiden dice que son las 6:30. Camila dice que son las 12:00. ¿Quién tiene razón? Explícalo.

_____

_____

16. **PRÁCTICAS Y PROCESOS MATEMÁTICOS ③** **Verifica el razonamiento de otros** Lucy dijo que, en su reloj digital, eran las 4:46. Explica adónde señalan las manecillas de un reloj analógico cuando son las 4:46.

_____

_____

17. **PIENSA MÁS** Escribe la hora que muestra el reloj. Luego escribe la hora de otra manera.

_____

La hora en intervalos de un minuto

Objetivo de aprendizaje Darás y escribirás la hora al minuto más cercano, usando relojes analógicos y digitales para escribir una forma de decir qué hora es.

Escribe la hora. Escribe una manera en que puedes leer la hora.

1.

1:16; la una y dieciséis minutos

2.

_____
_____
_____

3.

_____
_____
_____

4.

_____
_____
_____

5.

_____
_____
_____

6.

_____
_____
_____

Escribe la hora de otra manera.

7. las 4 y 23 minutos

_____

8. 18 minutos antes de las 11

_____

Resolución de problemas

11. ¿Qué hora es cuando el horario pasa un poco de las 3 y el minutero señala el 3?

_____

12. Peter comenzó a practicar a las ocho menos veinticinco minutos. ¿Cómo escribes esta hora de otra manera?

_____

11. **ESCRIBE** ▸*Matemáticas* Dibuja un reloj que muestre una hora al minuto más próximo. Escribe la hora de tantas maneras diferentes como puedas.

_____

_____

Repaso de la lección

1. ¿De qué otra manera puedes escribir las 10 menos 13 minutos?

_____

2. ¿Qué hora indica el reloj?

_____

Repaso en espiral

3. Cada pájaro tiene 2 alas. ¿Cuántas alas tendrán 5 pájaros?

_____

4. Halla el factor desconocido.

$$8 \times \blacksquare = 56$$

_____

5. El Sr. Wren tiene 56 pinceles. Coloca 8 pinceles en cada una de las mesas del salón de arte. ¿Cuántas mesas hay en el salón de arte?

6. ¿Qué número completa las ecuaciones?

$$4 \times \blacktriangle = 20 \quad 20 \div 4 = \blacktriangle$$

PRACTICA MÁS CON EL
Entrenador personal
en matemáticas

Nombre _____

a. m. y p. m.

Pregunta esencial ¿Cómo puedes saber cuándo usar a. m. y p. m. con la hora?

Soluciona el problema (En el mundo)

La familia de Lauren se va de excursión mañana a las 7:00. ¿Cómo debería escribir Lauren la hora para mostrar que se irán por la mañana y no por la noche?

Puedes usar una recta numérica para mostrar la secuencia o el orden de los sucesos. Puede ayudarte a comprender el número de horas que hay en un día.

- Encierra en un círculo la información que te brinda datos sobre la hora de la excursión.
- ¿Qué debes hallar?

_____

_____

Piensa: La distancia que hay de una marca a la siguiente marca representa una hora.

```
          a. m.                    p. m.
  ←───┼┼┼┼┼┼┼┼┼┼┼┼┼┼┼┼┼┼┼┼┼┼┼┼→
   12:00    6:00 a. m.   12:00    6:00 p. m.   12:00
 medianoche            mediodía              medianoche
```

Di qué hora es después de la medianoche.

La **medianoche** son las 12:00 de la noche.

Después de la medianoche y antes del mediodía, las horas se escriben con **a. m.**

Las 7:00 de la mañana se escribe

7:00 _____

Después de la medianoche y antes del mediodía

a. m.

Entonces, Lauren debería escribir la hora de la excursión como las 7:00 _____

- Halla la marca que muestra las 7:00 a. m. en la recta numérica de arriba. Encierra la marca en un círculo.

Charla matemática

PRÁCTICAS Y PROCESOS MATEMÁTICOS ③

Compara representaciones ¿En qué se parecen la recta numérica de esta página y la esfera de un reloj? ¿En qué se diferencian?

🔑 **Di qué hora es después del mediodía.**

La familia de Callie hará piragüismo a las 3:00 de la tarde. ¿Cómo debería escribir la hora Callie?

El **mediodía** son las 12:00 del día.

Después del mediodía y antes de la medianoche, las horas se escriben con **p. m.**

Las 3:00 de la tarde se escribe 3:00 _____

Después del mediodía y antes de la medianoche

p. m.

Entonces, Callie debería escribir la hora como 3:00 _____

Comparte y muestra   MATH BOARD

1. Menciona dos cosas que haces en horarios a. m. Menciona dos cosas que haces en horarios p. m.

_____

_____

Escribe la hora para la actividad. Usa a. m. o p. m.

2. andar en bicicleta

_____

✔ 3. hacer un sándwich

_____

✔ 4. prepararse para ir a dormir

_____

5. Esta mañana, Sam se despertó a la hora que se muestra en el reloj de la derecha. Usa a. m. o p. m. para escribir la hora. _____

 Charla matemática   PRÁCTICAS Y PROCESOS MATEMÁTICOS ③

Aplica ¿Cómo decides si debes usar a. m. o p. m. cuando escribes la hora?

Nombre _____

Escribe la hora para la actividad. Usa a. m. o p. m.

6. desayunar

7:17

_____

7. ir a la clase de ciencias

_____

8. jugar al *softball*

_____

Escribe la hora. Usa a. m. o p. m.

9. las 9 y cuarto de la mañana

_____

10. 6 minutos después de las 7:00 de la mañana

_____

11. Mark viaja en avión. Su vuelo sale a las 9 menos 24 minutos de la mañana. Usa a. m. o p. m. para escribir a qué hora sale el vuelo de Mark.

_____

12. La clase de Jennie toma su almuerzo 18 minutos antes del mediodía todos los días. Usa a. m. o p. m. y escribe qué hora toma su almuerzo la clase de Jennie.

_____

13. El horario de verano comienza el segundo domingo de marzo a las 2:00 de la mañana. Escribe la hora.

Usa a. m. o p. m. _____

14. **MÁS AL DETALLE** Jane y su papá usan su telescopio nuevo para ver las estrellas. Comienzan a ver las estrellas 23 minutos después de las 9 y terminan 10 minutos después de las 10. Usa a. m. o p. m. para escribir a qué hora comenzaron y terminaron de ver las estrellas.

_____

15. **PIENSA MÁS** ¿Cuántas veces por día pasa el minutero de un reloj por el 6 desde la medianoche hasta el mediodía? Explica cómo hallaste la respuesta.

_____

_____

🔑 Soluciona el problema (En el mundo)

18. Leda y su padre llegaron al mirador 15 minutos antes del mediodía y se fueron 12 minutos después del mediodía. Usa a. m. o p. m. para escribir la hora en la que Leda y su padre llegaron al mirador y la hora en la que se fueron.

a. ¿Qué debes hallar? _____

_____

_____

b. ¿Qué debes hallar primero? _____

c. **PRÁCTICAS Y PROCESOS MATEMÁTICOS 6** **Describe un método** Muestra los pasos que seguiste para resolver el problema.

d. Llegaron a las _____ _____.m.

Se fueron a las _____ _____.m.

19. **PIENSA MÁS** La familia Davis pasó el día en el lago. Escribe la letra de cada actividad junto a la hora a la que la realizaron.

A Fueron a nadar justo después de almorzar. ☐ 9:50 a. m.

B Desayunaron en casa. ☐ 7:00 p. m.

C Vieron ponerse el sol sobre el lago. ☐ 12:15 p. m.

D Por la mañana llegaron a la cabaña del lago. ☐ 1:30 p. m.

E Almorzaron sándwiches. ☐ 7:00 a. m.

Nombre _____

a. m. y p. m.

Objetivo de aprendizaje Decidirás cuándo usar a. m. o p. m. con la hora, usando una recta numérica para mostrar el orden de los hechos.

Escribe la hora para la actividad. Usa a. m. o p. m.

1. almorzar

12:20 P.M.

2. volver a casa de la escuela

_____

3. ver el amanecer

_____

4. salir a pasear

_____

5. ir a la escuela

_____

6. prepararse para la clase de arte

_____

Escribe la hora. Usa a. m. o p. m.

7. media hora pasada la medianoche

_____

8. media hora después de las 4:00 de la mañana

_____

Resolución de problemas En el mundo

9. Jaime está en la clase de matemáticas. ¿Qué hora es? Usa a. m. o p. m.

_____

10. Peter comenzó a practicar con su trompeta quince minutos después de las tres. Usa a. m. o p. m. para escribir esa hora.

_____

11. **ESCRIBE** *Matemáticas* Escribe tu horario para hoy. Haz una lista de cada actividad con su hora de inicio. Escribe a. m. o p. m. para cada hora.

_____

© Houghton Mifflin Harcourt Publishing Company

Repaso de la lección

1. Steven hace su tarea. ¿Qué hora es? Usa a. m. o p. m.

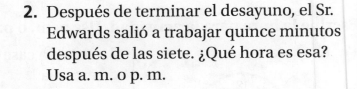

2. Después de terminar el desayuno, el Sr. Edwards salió a trabajar quince minutos después de las siete. ¿Qué hora es esa? Usa a. m. o p. m.

_____

_____

Repaso en espiral

3. ¿Qué ecuación de división se relaciona con la ecuación de multiplicación $4 \times 6 = 24$?

4. Hay 50 mondadientes en cada caja. Jaime compra 4 cajas para su bandeja de fiesta. ¿Cuántos mondadientes compra Jaime en total?

_____

_____

_____

_____

5. En una tienda de mascotas se vendieron 145 bolsas de comida para perros con sabor a carne y 263 bolsas con sabor a queso. ¿Cuántas bolsas de comida para perro se vendieron en total?

6. Compara. Escribe $<$, $>$ o $=$.

$$\frac{3}{6} \bigcirc \frac{4}{6}$$

_____

PRACTICA MÁS CON EL
Entrenador personal
en matemáticas

Nombre _____

Medir intervalos de tiempo

Pregunta esencial ¿Cómo puedes medir el tiempo transcurrido en minutos?

Objetivo de aprendizaje Medirás los intervalos de tiempo en minutos dibujando los saltos en una recta númérica o usando un reloj analógico.

 Soluciona el problema *En el mundo*

Alicia y su familia visitaron el Centro Espacial Kennedy. Vieron una película que comenzó a las 4:10 p. m. y finalizó a las 4:53 p. m. ¿Cuánto duró la película?

Para hallar el **tiempo transcurrido**, calcula la cantidad de tiempo que pasa desde el comienzo de una actividad hasta su finalización.

- Encierra en un círculo la hora a la que comenzó y terminó la película.
- Subraya la pregunta.

🔑 De una manera Usa una recta numérica.

PASO 1 Halla el horario en que comenzó la película en la recta numérica.

PASO 2 Cuenta hacia adelante hasta la hora de finalización, 4:53. Cuenta hacia adelante de diez en diez por cada 10 minutos. Cuenta hacia adelante de uno en uno para cada minuto. Escribe las horas debajo de la recta numérica.

PASO 3 Dibuja los saltos en la recta numérica para mostrar los minutos que hay desde las 4:10 hasta las 4:53. Anota los minutos. Luego súmalos.

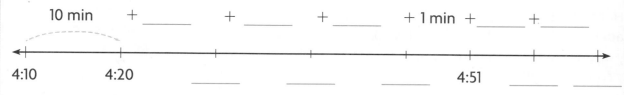

10 min   + _____   + _____   + _____   + 1 min + _____ + _____

4:10   4:20   _____   _____   4:51   _____   _____

10 + 10 + 10 + 10 + 1 + 1 + 1 = _____

El tiempo transcurrido desde las 4:10 p. m. hasta las

4:53 p. m. es _____ minutos.

Entonces, la película duró _____ minutos.

Charla matemática

 PRÁCTICAS Y PROCESOS MATEMÁTICOS ④

Usa modelos ¿De qué otra manera puedes usar saltos en la recta numérica para hallar el tiempo transcurrido desde las 4:10 p. m. hasta las 4:53 p. m?

🔓 De otras maneras

Hora de inicio: 4:10 p. m. Hora de finalización: 4:53 p. m.

Ⓐ Usa un reloj analógico.

PASO 1 Halla la hora de inicio en el reloj.

PASO 2 Cuenta los minutos contando hacia adelante de cinco en cinco y de uno en uno hasta las 4:53 p. m. Escribe junto al reloj los números positivos que faltan.

Entonces, el tiempo transcurrido es _____ minutos.

Ⓑ Usa la resta.

PASO 1 Escribe la hora de finalización. Luego escribe la hora de inicio de manera que queden alineados las horas y los minutos.

PASO 2 Las horas son iguales; entonces, resta los minutos.

$$4 : \boxed{} \quad \leftarrow \text{hora de finalización}$$

$$-4 : \boxed{} \quad \leftarrow \text{hora de inicio}$$

$$\boxed{} \quad \leftarrow \text{tiempo transcurrido}$$

¡Inténtalo! **Halla el tiempo transcurrido en minutos de dos maneras.**

Hora de inicio: 10:05 a. m. Hora de finalización: 10:30 a. m.

Ⓐ Usa una recta numérica.

PASO 1 Halla las 10:05 en la recta numérica. Cuenta hacia adelante desde las 10:05 hasta las 10:30. Haz marcas y anota las horas en la recta numérica. Luego dibuja y rotula los saltos.

Piensa: Para contar hacia adelante, usa intervalos de tiempo más grandes que tengan sentido.

10:05

PASO 2 Suma para hallar el total de minutos que hay de las 10:05 a las 10:30.

De las 10:05 a. m. a las _____ hay _____ minutos.

Entonces, el tiempo transcurrido es _____ minutos.

Ⓑ Usa la resta.

Piensa: Las horas son iguales; entonces, resta los minutos.

$$10 : 30$$
$$-10 : 05$$

Charla matemática

PRÁCTICAS Y PROCESOS MATEMÁTICOS ❸

Compara estrategias ¿Qué método prefieres usar para hallar el tiempo transcurrido?

574

Nombre _____

Comparte y muestra

1. Usa la recta numérica para hallar el tiempo transcurrido desde la 1:15 p. m. hasta la

   1:40 p. m. _____

1:15

Halla el tiempo transcurrido.

 2. Inicio: 11:35 a. m.   Fin: 11:54 a. m.

 3. Inicio: 4:20 p. m.   Fin: 5:00 p. m.

_____

Charla matemática PRÁCTICAS Y PROCESOS MATEMÁTICOS ④

Usa un modelo ¿Cómo usarías una recta numérica para hallar el tiempo transcurrido desde las 11:10 a. m. hasta el mediodía.

Por tu cuenta

PRÁCTICAS Y PROCESOS MATEMÁTICOS ⑤ **Usa las herramientas apropiadas Halla el tiempo transcurrido.**

4. Inicio: 8:35 p. m.   Fin: 8:55 p. m.

5. Inicio: 10:10 a.m.   Fin: 10:41 a.m.

6. Inicio: 9:25 a m.   Fin: 9:43 a. m.

7. Inicio: 2:15 p.m.   Fin: 2:52 p. m.

Resolución de problemas • Aplicaciones (En el mundo)

8. John comenzó a leer su libro sobre el espacio sideral a las nueve y cuarto de la mañana. Leyó el libro hasta las diez menos cuarto de la mañana. ¿Cuánto tiempo leyó John su libro?

_____

9. PRÁCTICAS Y PROCESOS MATEMÁTICOS ② **Razona** Tim y Alicia llegaron a la exposición de cohetes a las 3:40 p. m. Alicia se fue de la exposición a las 3:56 p. m. Tim se fue a las 3:49 p. m. La respuesta es Alicia. ¿Cuál es la pregunta?

ESCRIBE ▸ *Matemáticas* • **Muestra tu trabajo**

_____

10. MÁS AL DETALLE En el centro espacial, Karen compró un modelo de un transbordador. A las 11:13 a. m. del día siguiente, comenzó a trabajar en el modelo. Trabajó hasta que se fue a almorzar a las 11:51 a. m. Después del almuerzo, volvió a trabajar en su modelo desde la 1:29 p. m. hasta la 1:48 p. m. ¿Cuánto tiempo trabajó Karen en el modelo?

_____

11. PIENSA MÁS Aiden llegó a la exposición de cohetes a las 3:35 p. m. y se fue a las 3:49 p. m. Ava llegó a la exposición de cohetes a las 3:30 p. m. y se fue a las 3:56 p. m. ¿Cuántos minutos más que Aiden pasó Ava en la exposición?

_____

12. PIENSA MÁS A las 5:15 p. m., Kira subió al autobús para turistas. Se bajó del autobús a las 5:37 p. m. ¿Cuánto tiempo estuvo en el autobús?

Elige el nùmero que hace que la oración sea verdadera.

Kira estuvo en el autobús _____ minutos.

| 15 |
| 22 |
| 37 |
| 52 |

Medir intervalos de tiempo

Objetivo de aprendizaje Medirás los intervalos de tiempo en minutos dibujando los saltos en una recta numérica o usando un reloj analógico.

Halla el tiempo transcurrido.

1. Inicio: 8:10 a. m.
Finalización: 8:45 a. m.

35 minutos

2. Inicio: 6:45 p. m.
Finalización: 6:54 p. m.

3. Inicio: 3:00 p. m.
Finalización: 3:37 p. m.

4. Inicio: 5:20 a. m.
Finalización: 5:47 a. m.

Resolución de problemas

5. Un espectáculo del museo comienza a las 7:40 p. m. y termina a las 7:57 p. m. ¿Cuánto dura?

6. Un tren parte de la estación a las 6:15 a. m. Otro tren parte a las 6:55 a. m. ¿Cuánto más tarde parte el segundo tren?

7. **ESCRIBE** ▸*Matemáticas* Describe dos métodos diferentes para calcular el tiempo transcurrido desde las 2:30 p. m. a las 2:58 p. m.

_____

_____

Repaso de la lección

1. Marcus comenzó a jugar al básquetbol a las 3:30 p. m. y terminó de jugar a las 3:55 p. m. ¿Cuántos minutos jugó básquetbol?

_____

2. La obra de teatro escolar comenzó a las 8:15 p. m. y terminó a las 8:56 p. m. ¿Cuánto duró la obra de teatro escolar?

_____

Repaso en espiral

3. Cada carro tiene 4 ruedas. ¿Cuántas ruedas tendrán 7 carros?

_____

4. ¿Qué número completa las ecuaciones?

$$3 \times \blacksquare = 27 \quad 27 \div 3 = \blacksquare$$

_____

5. Hay 20 servilletas en cada paquete. Kelli compró 8 paquetes para su fiesta. ¿Cuántas servilletas compró Kelli en total?

_____

6. El Sr. Martín manejó 290 millas la semana pasada. Esta semana manejó 125 millas más que la semana pasada. ¿Cuántas millas manejó el Sr. Martín esta semana?

_____

PRACTICA MÁS CON EL
Entrenador personal
en matemáticas

Nombre _____

Usar intervalos de tiempo

Pregunta esencial ¿Cómo puedes hallar la hora de comienzo o la hora de finalización si conoces el tiempo transcurrido?

Objetivo de aprendizaje Usarás una recta numérica o un reloj para hallar un tiempo de inicio o un tiempo de finalización cuando conoces el tiempo transcurrido.

Soluciona el problema

Javier empieza a trabajar en su proyecto sobre océanos a la 1:30 p. m. Pasa 42 minutos pintando un modelo de la Tierra y poniendo rótulos a los océanos. ¿A qué hora termina Javier de trabajar en su proyecto?

- Encierra en un círculo la información que necesitas.
- ¿Qué hora debes hallar?

_____

_____

De una manera Usa una recta numérica para hallar la hora de finalización.

PASO 1 En la recta numérica, halla la hora en que Javier comenzó a trabajar en el proyecto.

PASO 2 Cuenta hacia adelante en la recta numérica para sumar el tiempo transcurrido. Dibuja y rotula los saltos para mostrar los minutos.

> **Piensa:** Puedo descomponer 42 minutos en cantidades de tiempo más cortas.

PASO 3 Escribe las horas debajo de la recta numérica.

← |————————————————→

1:30 p.m.

Los saltos finalizan en _____

Entonces, Javier termina de trabajar en su proyecto

a las_____

Charla matemática — PRÁCTICAS Y PROCESOS MATEMÁTICOS ①

Modela matemáticas Cuando calculas tiempos en la recta numérica, ¿cómo sabes qué tamaño tendrán los saltos que harías?

De otra manera Usa un reloj para hallar la hora de finalización.

PASO 1 Halla la hora de inicio en el reloj.

PASO 2 Cuenta hacia adelante, de cinco en cinco y de uno en uno, el tiempo transcurrido de 42 minutos. Escribe junto al reloj los números positivos que faltan.

Entonces, la hora de finalización es _____

Capítulo 10 579

Halla horas de inicio

Whitney nadó en el océano durante 25 minutos. Terminó de nadar a las 11:15 a. m. ¿A qué hora comenzó a nadar?

🔑 De una manera Usa una recta numérica para hallar la hora de inicio.

PASO 1 Halla en la recta numérica la hora en que Whitney terminó de nadar en el océano.

_____

PASO 2 Cuenta hacia atrás en la recta numérica para restar el tiempo transcurrido. Dibuja y rotula los saltos para mostrar los minutos.

_____

PASO 3 Escribe las horas debajo de la recta numérica.

←————————————————————→
                                    11:15 a.m.

Saltaste hacia atrás hasta las _____

Entonces, Whitney comenzó a nadar a las _____

🔑 De otra manera Usa un reloj para hallar la hora de inicio.

PASO 1 Halla la hora de finalización en el reloj.

_____

PASO 2 Cuenta hacia atrás de cinco en cinco para el tiempo transcurrido de 25 minutos. Escribe los números positivos que faltan junto al reloj.

Entonces, la hora de inicio es las _____

Comparte y muestra

1. Usa la recta numérica para hallar la hora de inicio si el tiempo transcurrido es 35 minutos. _____

Charla matemática

PRÁCTICAS Y PROCESOS MATEMÁTICOS ①

Razona ¿Cómo calculas la hora de inicio si sabes la hora de finalización y el tiempo transcurrido?

←————————————————————→
                              5:10 p. m.

Halla la hora de finalización.

2. Hora de inicio: 1:40 p. m.
Tiempo transcurrido: 33 minutos

←――――――――――――――――→

_____

3. Hora de inicio: 9:55 a. m.
Tiempo transcurrido: 27 minutos

_____

Por tu cuenta

Halla la hora de inicio.

4. Hora de finalización: 3:05 p. m.
Tiempo transcurrido: 40 minutos

←――――――――――――――――→

_____

5. Hora de finalización: 8:06 a. m.
Tiempo transcurrido: 16 minutos

_____

Resolución de problemas • Aplicaciones

6. PIENSA MÁS   Suzi comenzó a pescar a las 10:30 a. m. y pescó hasta las 11:10 a. m. James terminó de pescar a las 11:45 a. m. Pescó la misma cantidad de tiempo que Suzi. ¿A qué hora comenzó a pescar James? **Explícalo.**

_____

_____

7. MÁS AL DETALLE   Jésica comenzó a asear su habitación a las 5:50 p. m. y terminó a las 6:44 p. m. Su hermana Norah terminó de asear su habitación a las 7:12 p. m. Si aseó durante la misma cantidad de tiempo que Jésica, ¿a qué hora comenzó a asear su habitación Horah?

_____

Entrenador personal en matemáticas

8. **PIENSA MÁS +**   La clase de surf de Dante comenzó a las 2:35 p. m. La clase duró 45 minutos.

Dibuja las manecillas en el reloj para mostrar la hora a la que terminó la clase de surf de Dante.

Conectar con las Ciencias

Las mareas

Si alguna vez has estado en la playa, has visto cómo sube y baja el nivel del agua a lo largo de la costa diariamente. A este cambio en el nivel del agua se le llama "marea". La fuerza de gravedad que ejercen la Luna y el Sol es la causa principal de las mareas. La marea alta ocurre cuando el agua se encuentra en el nivel más alto. La marea baja ocurre cuando el agua se encuentra en el nivel más bajo. En la mayoría de los lugares de la Tierra, hay marea alta y marea baja alrededor de dos veces por día.

Usa la tabla para resolver los Problemas 9 y 10.

9. **MÁS AL DETALLE**   La primera mañana, Courtney caminó por la playa durante 20 minutos. Finalizó su caminata 30 minutos antes de la marea alta. ¿A qué hora comenzó Courtney su caminata?

_____

10. **PRÁCTICAS Y PROCESOS MATEMÁTICOS ②** **Razona**   La tercera tarde, Courtney comenzó a recolectar conchas cuando la marea estaba baja. Recolectó conchas de mar durante 35 minutos. ¿A qué hora terminó Courtney de recolectar conchas de mar?

_____

Horarios de las mareas en Atlantic City, NJ		
	Marea baja	Marea alta
Día 1	2:12 a. m.	9:00 a. m.
	2:54 p. m.	9:00 p. m.
Día 2	3:06 a. m.	9:36 a. m.
	3:36 p. m.	9:54 p. m.
Día 3	4:00 a. m.	10:12 a. m.
	4:30 p. m.	10:36 p. m.

Usar intervalos de tiempo

Objetivo de aprendizaje Usarás una recta numérica o un reloj para hallar un tiempo de inicio o un tiempo de finalización cuando conoces el tiempo transcurrido.

Halla la hora de inicio.

1. Hora de finalización: 4:29 p. m.
Tiempo transcurrido: 55 minutos

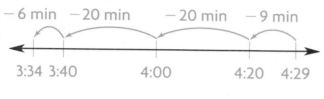

-6 min -20 min -20 min -9 min

3:34 3:40 4:00 4:20 4:29

3:34 p. m.

2. Hora de finalización: 10:08 a. m.
Tiempo transcurrido: 30 minutos

Halla la hora de finalización.

3. Hora de inicio: 2:15 a. m.
Tiempo transcurrido: 45 minutos

4. Hora de inicio: 6:57 p. m.
Tiempo transcurrido: 47 minutos

Resolución de problemas

5. Jenny dedicó 35 minutos a hacer una investigación en Internet. Terminó a las 7:10 p. m. ¿A qué hora comenzó Jenny su investigación?

6. Clark salió hacia la escuela a las 7:10 a. m. Llegó a la escuela 36 minutos más tarde. ¿A qué hora llegó Clark a la escuela?

7. **ESCRIBE** ▸*Matemáticas* Describe una situación de tu vida en la que necesites saber cómo calcular una hora de inicio.

_____

_____

Repaso de la lección

1. Cody y sus amigos comenzaron a jugar un partido a las 6:30 p. m. Tardaron 37 minutos en terminar el partido. ¿A qué hora terminaron?

_____

2. Delia trabajó 45 minutos en su pintura al óleo. Se tomó un descanso a las 10:35 a. m. ¿A qué hora comenzó Delia a trabajar en la pintura?

_____

Repaso en espiral

3. Sofía tiene 30 broches de colección. Quiere colocar la misma cantidad de broches en cada una de las 5 cajas que tiene. ¿Cuántos broches debe colocar en cada caja?

?	?	?	?	?

30 broches

4. ¿Qué hora se muestra en el reloj?

_____

_____

5. Ricardo tiene 32 libros para colocar en 4 estantes. Coloca la misma cantidad de libros en cada estante. ¿Cuántos libros coloca Ricardo en cada estante?

6. Jon comenzó a jugar un videojuego a las 5:35 p. m. Terminó de jugar a las 5:52 p. m. ¿Cuánto tiempo jugó Jon?

_____

_____

PRACTICA MÁS CON EL
Entrenador personal
en matemáticas

Nombre _____

Resolución de problemas • Intervalos de tiempo

Pregunta esencial ¿Cómo puedes usar la estrategia *hacer un diagrama* para resolver problemas sobre tiempo?

Objetivo de aprendizaje Usarás la estrategia *hacer un diagrama* para resolver problemas sobre tiempo dibujando saltos sobre una recta numérica para mostrar el tiempo transcurrido.

Soluciona el problema En el mundo

Zach y su familia irán a la ciudad de New York. Su avión despega a las 9:15 a. m. Deben llegar al aeropuerto 60 minutos antes de que salga su vuelo. Tardan 15 minutos en llegar al aeropuerto. La familia necesita 30 minutos para prepararse para partir. ¿A qué hora debe comenzar a prepararse la familia de Zach?

Lee el problema

¿Qué debo hallar?	¿Qué información debo usar?	¿Cómo usaré la información?
Debo hallar a qué _____ debe comenzar a _____ la familia de Zach.	la hora a la que despega el _____; la hora a la que debe llegar la familia al _____; el tiempo que tardan en llegar al _____ ; el tiempo que necesita la familia para _____	Usaré una recta numérica para hallar la respuesta.

Resuelve el problema

- Halla las 9:15 a. m. en la recta numérica. Dibuja los saltos para mostrar la hora.

- Cuenta hacia atrás _____ minutos para mostrar la hora a la que deben llegar al aeropuerto.

$\longleftarrow$_____|$\longrightarrow$

9:15 a. m.

- Cuenta hacia atrás _____ minutos para mostrar lo que tardan en llegar al aeropuerto.

- Cuenta hacia atrás _____ minutos para mostrar el tiempo que tardan en prepararse.

Entonces, la familia de Zach debería

comenzar a prepararse a las _____ _____.m.

Charla matemática

PRÁCTICAS Y PROCESOS MATEMÁTICOS ①

Analiza ¿Cómo puedes comprobar tu respuesta si usas como inicio la hora a la que la familia comienza a prepararse?

🔑 Haz otro problema

Bradley sale de la escuela a las 2:45 p. m. Tarda 10 minutos en caminar hasta su casa. Luego pasa 10 minutos comiendo un refrigerio. Tarda 8 minutos en ponerse el uniforme de fútbol. El padre de Bradley tarda 20 minutos en llevarlo al entrenamiento de fútbol. ¿A qué hora llega Bradley al entrenamiento de fútbol?

Lee el problema

¿Qué debo hallar?	¿Qué información debo usar?	¿Cómo usaré la información?

Resuelve el problema

Haz un diagrama para explicar tu respuesta.

$\longleftrightarrow$

1. ¿A qué hora llega Bradley al entrenamiento de fútbol? _____

2. ¿Cómo sabes que tu respuesta es razonable?

_____

_____

_____

_____

Charla matemática

PRÁCTICAS Y PROCESOS MATEMÁTICOS ①

Analiza ¿Debes dibujar los saltos en la recta numérica en el mismo orden en que se dan los tiempos en el problema?

Nombre _____

Soluciona el problema

✓ Encierra en un círculo la pregunta.

✓ Subraya los datos importantes.

✓ Elige una estrategia que conozcas.

1. Patty fue al centro comercial a las 11:30 a. m. Hizo compras durante 25 minutos. Estuvo almorzando 40 minutos. Luego se encontró con una amiga en el cine. ¿A qué hora se encontró con su amiga?

   Primero, comienza en las _____ en la recta numérica.

   Luego, cuenta hacia adelante _____ y

   _____ .

   Piensa: Puedo descomponer el tiempo en cantidades de tiempo más pequeñas que tengan sentido.

   ← | ——————————————————→

   11:30 a.m.

   Entonces, Patty se encontró con su amiga a las _____ _____m.

2. ¿Qué pasaría si Patty fuera al centro comercial a las 11:30 a. m. y se encontrara con una amiga en el cine a la 1:15 p. m.? Patty quiere hacer compras y tener 45 minutos para almorzar antes de encontrarse con su amiga. ¿Cuánto tiempo tiene Patty para hacer compras?

   _____

3. Avery subió al autobús a la 1:10 p. m. El viaje duró 90 minutos. Luego caminó durante 32 minutos para llegar a su casa. ¿A qué hora llegó Avery a su casa?

   _____

Por tu cuenta

4. MÁS AL DETALLE Kyle y Josh tienen un total de 64 CD. Kyle tiene 12 CD más que Josh. ¿Cuántos CD tiene cada uno?

   _____

5. Jamal usó la computadora durante 60 minutos. De ese tiempo, dedicó media hora a jugar videojuegos y el resto del tiempo buscó información para su informe. ¿Cuántos minutos dedicó a buscar información?

_____

6. **PIENSA MÁS** Cuando Caleb llegó de la escuela a su casa, trabajó con su proyecto de ciencias durante 20 minutos. Luego estudió para una prueba durante 30 minutos. Terminó a las 4:35 p. m. ¿A qué hora llegó Caleb a su casa?

_____

7. **PRÁCTICAS Y PROCESOS MATEMÁTICOS 6** Miguel jugó videojuegos todos los días en una semana. El lunes obtuvo 83 puntos. Cada día, su puntaje aumentó en 5 puntos. ¿Qué día obtuvo un puntaje de 103 puntos? **Explica** cómo hallaste la respuesta.

_____

_____

8. **PIENSA MÁS** Laura llegó a la biblioteca y leyó un libro durante 40 minutos. Luego leyó una revista durante 15 minutos. Se fue de la biblioteca a las 4:15 p. m.

Encierra en un círculo la hora que hace que la oración sea verdadera.

Laura llegó a la biblioteca a las

3:20 p. m.
3:35 p. m.
5:10 p. m.

Resolución de problemas •
Intervalos de tiempo

Objetivo de aprendizaje Usarás la estrategia *hacer un diagrama* para resolver problemas sobre tiempo dibujando saltos sobre una recta numérica para mostrar el tiempo transcurrido.

Resuelve los problemas. Muestra tu trabajo.

1. Hannah quiere encontrarse con sus amigos en el centro. Antes de salir de su casa, hace las tareas domésticas durante 60 minutos y dedica 20 minutos a almorzar. Tarda 15 minutos en caminar hasta el centro. Hannah comenzó las tareas domésticas a las 11:45 a. m. ¿A qué hora se encontró con sus amigos?

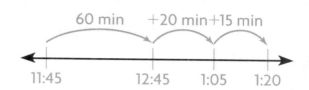

___1:20 p. m.___

2. Katie practicó con la flauta durante 45 minutos. Luego comió un refrigerio en 15 minutos. A continuación, miró televisión durante 30 minutos, hasta las 6:00 p. m. ¿A qué hora comenzó Katie a practicar con la flauta?

_____

3. Nick sale de la escuela a las 2:25 p. m. Tiene un recorrido en autobús de 15 minutos para volver a casa. A continuación, sale 30 minutos a andar en bicicleta. Luego dedica 55 minutos a hacer la tarea. ¿A qué hora termina Nick su tarea?

_____

4. **ESCRIBE** ▸*Matemáticas* Escribe un problema de varios pasos que tenga al menos dos lapsos de tiempo transcurrido. El problema puede requerir calcular una hora de inicio o una hora de finalización. Incluye una solución.

_____

_____

Repaso de la lección

1. Gloria fue al centro comercial e hizo compras durante 50 minutos. Luego almorzó en 30 minutos. Si Gloria llegó al centro comercial a las 11:00 a. m., ¿a qué hora terminó de almorzar?

2. El partido de béisbol comienza a las 2:00 p. m. Ying tarda 30 minutos en llegar al estadio. ¿A qué hora debe salir Ying de su casa para llegar 30 minutos antes de que comience el partido?

Repaso en espiral

3. Escribe las fracciones $\frac{2}{4}$, $\frac{2}{8}$ y $\frac{2}{6}$ en orden, de menor a mayor

4. Halla el factor desconocido.

$$6 \times \blacksquare = 36$$

5. Había 405 libros en un estante de la biblioteca. Se retiraron algunos libros. Ahora quedan 215 libros en el estante. ¿Cuántos libros se retiraron?

6. Savannah tiene 48 fotos. Coloca 8 fotos en cada página de su álbum. ¿Cuántas páginas del álbum usa?

PRACTICA MÁS CON EL
Entrenador personal
en matemáticas

Nombre _____

☑ Revisión de la mitad del capítulo

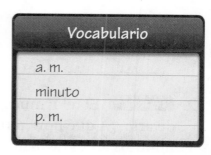

Entrenador personal en matemáticas
Evaluación e
intervención en línea

Vocabulario

Elige el término del recuadro que mejor corresponda.

Vocabulario
a. m.
minuto
p. m.

1. En un _____ , el minutero se desplaza de una marca a la siguiente en un reloj. (p. 561)

2. Después del mediodía y antes de la medianoche, las horas se escriben seguidas de _____ . (p. 568)

Conceptos y destrezas

Escribe la hora para la actividad. Usa a. m. o p. m.

3. jugar a la pelota

_____

4. tomar el desayuno

_____

5. hacer la tarea

_____

6. dormir

_____

Halla el tiempo transcurrido.

7. Inicio: 10:05 a. m.
Finalización: 10:50 a. m.

←————————————————→
10:05

_____

8. Inicio: 5:30 p. m.
Finalización: 5:49 p. m.

_____

Halla la hora de inicio o de finalización.

9. Hora de inicio: _____
Tiempo transcurrido: 50 minutos
Hora de finalización: 9:05 a. m.

←————————————————→
9:05 a. m.

10. Hora de inicio: 2:46 p. m.
Tiempo transcurrido: 15 minutos

Hora de finalización: _____

11. Verónica comenzó a caminar hacia la escuela a las 7:45 a. m. Llegó a la escuela 23 minutos después. ¿A qué hora llegó Verónica a la escuela?

_____

12. **MÁS AL DETALLE** El reloj muestra la hora a la que termina la clase de arte. ¿A qué hora termina la clase? Si la clase comenzó 37 minutos antes de la hora indicada, ¿a qué hora comenzó la clase?

_____

13. Matt fue a la casa de un amigo. Llegó a las 5:10 p. m. Se fue a las 5:37 p. m. ¿Cuánto tiempo estuvo Matt en la casa de su amigo?

_____

14. El tren que toma Brenda sale a las 7:30 a. m. Debe llegar 10 minutos antes para comprar el boleto. Tarda 20 minutos en llegar a la estación de tren. ¿A qué hora debería salir Brenda de su casa?

_____

15. Escribe la hora a la que llegas a tu casa de la escuela.

_____

Nombre _____

Medir la longitud

Pregunta esencial ¿Cómo puedes generar datos de medición y mostrar los datos en un diagrama de puntos?

Objetivo de aprendizaje Producirás datos de medición al medir longitudes a la media pulgada o al cuarto de pulgada más cercano y mostrarás dichos datos en un diagrama de puntos.

RELACIONA Has aprendido a medir la longitud a la pulgada más próxima. A veces, la longitud de un objeto no es una unidad entera. Por ejemplo, un clip mide más de 1 pulgada, pero menos de 2 pulgadas.

Puedes medir la longitud a la media pulgada más próxima o al cuarto de pulgada más próximo. Las marcas de media pulgada de una regla dividen cada pulgada en dos partes iguales. Las marcas de un cuarto de pulgada dividen cada pulgada en cuatro partes iguales.

Idea matemática
Una regla es como una recta numérica.

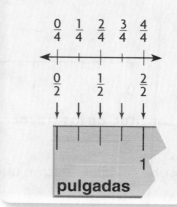

Soluciona el problema En el mundo

Ejemplo 1 Usa una regla para medir el pegamento en barra a la media pulgada más próxima.

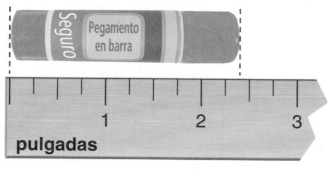

- Alinea el extremo izquierdo del pegamento en barra con la marca del cero de la regla.

- El extremo derecho del pegamento en barra está entre las marcas de media pulgada de

  _____ y _____.

- La marca que está más cerca del extremo derecho es la de _____ pulgadas.

Entonces, la longitud del pegamento a la media pulgada más próxima es _____ pulgadas.

Ejemplo 2 Usa una regla para medir el clip al cuarto de pulgada más próximo.

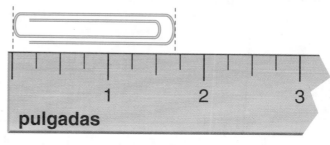

- Alinea el extremo izquierdo del clip con la marca del cero de la regla.

- El extremo derecho del clip está entre las marcas de un cuarto de pulgada de

  _____ y _____.

- La marca que está más cerca del extremo derecho del clip es la de _____ pulgadas.

Entonces, la longitud del clip al cuarto de pulgada más próximo es _____ pulgadas.

🖐 Actividad Haz un diagrama de puntos para mostrar datos de mediciones.

Materiales ▪ regla en pulgadas ▪ 10 crayones

Mide la longitud de 10 crayones a la media pulgada más próxima.
Completa el diagrama de puntos. Dibuja una **X** para cada longitud.

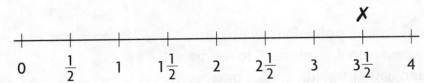

Longitud de los crayones medida a la media pulgada más próxima

- Describe cualquier patrón que observes en tu diagrama de puntos.

_____

_____

¡Inténtalo! Mide la longitud de tus dedos al cuarto de pulgada más próximo. Completa el diagrama de puntos. Dibuja una **X** para cada longitud.

Charla matemática

PRÁCTICAS Y PROCESOS MATEMÁTICOS ③

Compara representaciones ¿Qué relación crees que hay entre tu diagrama de puntos y los de tus compañeros?

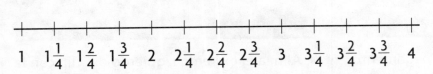

Longitud de los dedos medida al cuarto de pulgada más próximo

Comparte y muestra  MATH BOARD

✓**1.** Mide la longitud a la media pulgada más próxima. ¿La llave está más cerca de $1\frac{1}{2}$ pulgadas, de 2 pulgadas o de $2\frac{1}{2}$ pulgadas?

_____ pulgadas

Mide la longitud al cuarto de pulgada más próximo.

2. 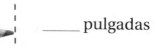 _____ pulgadas

Por tu cuenta

Usa las rectas para resolver los Ejercicios 3 y 4.

3. Mide la longitud de las rectas a la media pulgada más próxima y haz un diagrama de puntos.

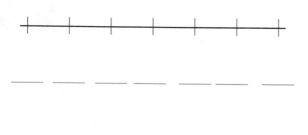

4. Mide la longitud de las rectas al cuarto de pulgada más próximo y haz un diagrama de puntos.

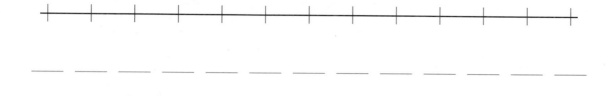

Resolución de problemas • Aplicaciones

Usa el diagrama de puntos para resolver los Ejercicios 5 al 7.

5. **MÁS AL DETALLE** Tara tiene una colección de imanes de los lugares que ha visitado. Mide su longitud a la media pulgada más próxima y anota los datos en un diagrama de puntos. ¿Hay más imanes de más de $2\frac{1}{2}$ pulgadas o de menos de $2\frac{1}{2}$? Explícalo.

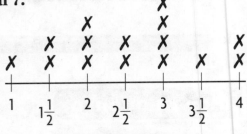

Longitud de los imanes

_____

_____

6. **PIENSA MÁS** ¿Cuántos imanes miden un número entero de pulgadas? ¿Cuántos imanes tienen una longitud que está entre dos números enteros?

_____

_____

7. **PRÁCTICAS Y PROCESOS MATEMÁTICOS ⑥ Explica** por qué piensas que el diagrama de puntos comienza en 1 y termina en 4.

_____

_____

8. **PIENSA MÁS** ¿Cuál es la longitud del lápiz a la media pulgada más próxima?

_____ pulgadas

Explica cómo mediste el lápiz.

_____

_____

_____

Medir la longitud

Objetivo de aprendizaje Producirás datos de medición al medir longitudes a la media pulgada o al cuarto de pulgada más cercano y mostrarás dichos datos en un diagrama de puntos.

Mide la longitud a la media pulgada más próxima.

1.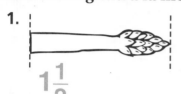

$1\frac{1}{2}$

_____ pulgadas

2.

_____ pulgadas

3.

_____ pulgadas

Mide la longitud al cuarto de pulgada más próximo.

4.

_____ pulgadas

5.

_____ pulgadas

Resolución de problemas

Usa una hoja de papel aparte para resolver el Problema 6.

6. Dibuja 8 líneas que midan entre 1 y 3 pulgadas de longitud. Mide cada línea al cuarto de pulgada más próximo y haz un diagrama de puntos.

7. La cola del perro de Álex mide $5\frac{1}{4}$ pulgadas de longitud. ¿Entre qué dos marcas de pulgada de una regla está esta medida?

_____

_____

8. **ESCRIBE** ▸ *Matemáticas* Mide la longitud de 10 lápices de color al cuarto de pulgada más cercano. Luego, haz un diagrama de puntos de los datos.

_____

_____

Repaso de la lección

1. ¿Cuál es la longitud de la cuerda a la media pulgada más próxima?

2. ¿Cuál es la longitud de la hoja al cuarto de pulgada más próximo?

Repaso en espiral

3. Escribe las ecuaciones incluidas en el mismo conjunto de operaciones relacionadas a $6 \times 8 = 48$?

4. Brooke dice que faltan 49 días para el 4 de julio. Una semana tiene 7 días. ¿Cuántas semanas faltan para el 4 de julio?

5. Son 20 minutos antes de las 8:00 de la mañana. ¿Qué hora es? Usa a. m. o p. m.

6. Marcy tocó el piano durante 45 minutos. Dejó de tocar a las 4:15 p. m. ¿A qué hora comenzó a tocar el piano?

© Houghton Mifflin Harcourt Publishing Company

PRACTICA MÁS CON EL
Entrenador personal
en matemáticas

Estimar y medir el volumen de un líquido

Pregunta esencial ¿Cómo puedes estimar y medir el volumen de un líquido en unidades del sistema métrico?

Objetivo de aprendizaje Harás estimaciones y medirás el volumen de un líquido al escribir *más de 1 litro, alrededor de 1 litro o menos de 1 litro.*

Soluciona el problema

El **volumen de un líquido** es la cantidad de líquido que contiene un recipiente. El **litro (l)** es la unidad métrica básica para medir el volumen de un líquido.

Actividad 1

Materiales ■ vaso de precipitados de 1 l ■ 4 recipientes ■ agua ■ cinta adhesiva

PASO 1 Llena un vaso de precipitados de 1 litro con agua hasta la marca de 1 litro.

PASO 2 Vierte 1 litro de agua en un recipiente. Marca el nivel de agua con un trozo de cinta adhesiva. Dibuja el recipiente abajo y escribe el nombre del recipiente.

PASO 3 Repite los Pasos 1 y 2 con tres recipientes de diferentes tamaños.

Recipiente 1

Recipiente 2

_____

_____

Recipiente 3

Recipiente 4

_____

_____

PRÁCTICAS Y PROCESOS MATEMÁTICOS 8

Saca conclusiones ¿Qué le sucede al volumen de un líquido cuando viertes la misma cantidad de líquido en envases de diferentes tamaños?

1. ¿Cuánta agua vertiste en cada recipiente? _____

2. ¿Qué recipientes están llenos en su mayor parte? Descríbelos.

_____

3. ¿Qué recipientes están mayormente vacíos? Descríbelos.

_____

Compara volúmenes de líquidos

Un vaso lleno contiene menos de 1 litro.

Una botella de agua contiene alrededor de 1 litro.

Una pecera contiene más de 1 litro.

🔒 Actividad 2 Materiales ■ vaso de precipitados de 1 l
■ 5 recipientes diferentes ■ agua

PASO 1 Escribe los recipientes en orden, desde el que crees que contendrá menos agua hasta el que crees que contendrá más agua.

_____, _____, _____,

_____, _____

PASO 2 Estima cuánto contendrá cada recipiente. Escribe *más de 1 litro, alrededor de 1 litro* o *menos de 1 litro* en la tabla.

PASO 3 Vierte 1 litro de agua en uno de los recipientes. Repite hasta que el recipiente esté lleno. Anota la cantidad de litros que vertiste. Repite el procedimiento para cada recipiente.

Recipiente	Estimación	Cantidad de litros

PASO 4 Escribe los recipientes en orden, desde el que tiene menor volumen de líquido hasta el que tiene mayor volumen de líquido.

_____, _____, _____,

_____, _____

Charla matemática

PRÁCTICAS Y PROCESOS MATEMÁTICOS ①

Evalúa ¿El orden del Paso 1 fue diferente al orden del Paso 4? Explica por qué podrían ser diferentes.

Comparte y muestra

1. El vaso de precipitados está lleno de agua. ¿La cantidad es *más de 1 litro, alrededor de 1 litro* o *menos de 1 litro*?

_____

Estima qué volumen tendrá el líquido de un recipiente lleno. Escribe *más de 1 litro, alrededor de 1 litro* o *menos de 1 litro*.

2. taza de té

_____

✓ 3. fregadero de la cocina

_____

✓ 4. tetera

_____

Por tu cuenta

Estima qué volumen tendrá el líquido de un recipiente lleno. Escribe *más de 1 litro, alrededor de 1 litro* o *menos de 1 litro*.

Charla matemática PRÁCTICAS Y PROCESOS MATEMÁTICOS ①

Generaliza ¿Cómo puedes estimar el volumen de un líquido en un recipiente?

5. jarra

_____

6. envase de jugo

_____

7. tazón para de ponche

_____

Usa las ilustraciones para responder las Preguntas 8 a 10. Rosario vierte jugo en cuatro botellas del mismo tamaño.

8. ¿Rosario vertió la misma cantidad en todas las botellas? _____

9. ¿Qué botella tiene la menor cantidad de jugo? _____

10. ¿Qué botella tiene la mayor cantidad de jugo? _____

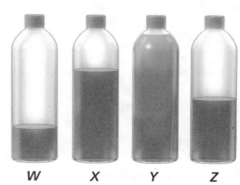

W   X   Y   Z

Resolución de problemas • Aplicaciones

Usa los recipientes para responder las Preguntas 11 a 13. El Recipiente A se llena cuando se le vierte 1 litro de agua.

A   D

11. **MÁS AL DETALLE** Estima con cuántos litros se llenará el Recipiente C y con cuántos litros se llenará el Recipiente E. ¿Qué recipiente contendrá más agua cuando esté lleno?

_____

_____

_____

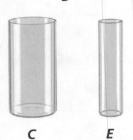

B

12. **PRÁCTICAS Y PROCESOS MATEMÁTICOS ⑥** Indica dos recipientes que se llenarán casi con la misma cantidad de litros de agua. **Explícalo.**

_____

_____

_____

C   E

13. **PIENSA MÁS** **¿Cuál es el error?** Samuel dice que pueden vertirse más litros de agua en el Recipiente B que en el Recipiente D. ¿Tiene razón? Explícalo.

_____

_____

_____

Entrenador personal en matemáticas

14. **PIENSA MÁS +** La botella de té contiene alrededor de 1 litro de té. En los ejercicios 14a a 14e, elige Sí o No para indicar si contiene más de 1 litro.

14a. taza de té   ○ Sí   ○ No

14b. bote para la basura de la cocina   ○ Sí   ○ No

14c. piscina pequeña   ○ Sí   ○ No

14d. pecera   ○ Sí   ○ No

14e. frasco de perfume   ○ Sí   ○ No

Estimar y medir el volumen de un líquido

Objetivo de aprendizaje Harás estimaciones y medirás el volumen de un líquido al escribir *más de 1 litro, alrededor de 1 litro o menos de 1 litro.*

Estima qué volumen tendrá el líquido de un recipiente lleno.
Escribe *más de 1 litro, alrededor de 1 litro o menos de 1 litro.*

1. recipiente grande de leche

_____ más de 1 litro _____

2. recipiente pequeño de leche

3. botella de agua

4. cucharada de agua

5. tina de baño

6. gotero

![Resolución de problemas En el mundo]

Usa las ilustraciones para responder la Pregunta 7. Alan vierte agua en cuatro vasos del mismo tamaño.

    A   B   C   D

7. ¿Qué vaso tiene la mayor cantidad de

agua? _____

8. **ESCRIBE** *Matemáticas* Nombra un envase que veas en casa que contenga alrededor de 1 litro cuando esté lleno.

_____

_____

Repaso de la lección

1. Felicia llenó el lavabo del baño de agua. ¿Es esta cantidad más que 1 litro, alrededor de 1 litro o menos que 1 litro?

_____

2. Kyle necesitó alrededor de 1 litro de agua para llenar un recipiente. ¿Qué recipiente es más probable que haya llenado Kyle un vaso pequeño, una cuchara o un florero?

_____

Repaso en espiral

3. Cecil tenía 6 cubos de hielo. Colocó 1 cubo de hielo en cada vaso. ¿En cuántos vasos colocó cubos de hielo Cecil?

_____

4. Juan tiene 12 panecillos. Coloca $\frac{1}{4}$ de los panecillos en una bolsa. ¿Cuántos panecillos coloca Juan en la bolsa?

_____

5. ¿Qué hora se muestra en el reloj?

_____

_____

_____

6. Julianne dibujó el siguiente segmento. Usa tu regla para medir el segmento al cuarto de pulgada más próximo.

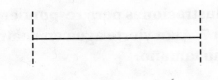

_____

_____

PRACTICA MÁS CON EL
Entrenador personal en matemáticas

Nombre _____

Estimar y medir la masa

Pregunta esencial ¿Cómo puedes estimar y medir masa en unidades del sistema métrico?

Objetivo de aprendizaje Elegirás la unidad para medir masas en gramos o kilogramos y compararás las masas de objetos usando *más que, menos que o igual a* entre unos y otros.

Soluciona el problema · En el mundo

Pedro tiene un billete de un dólar en el bolsillo. ¿Debería medir la masa del billete en gramos o en kilogramos?

El **gramo (g)** es la unidad métrica básica para medir la **masa** o cantidad de materia de un objeto. La masa también se puede medir con la unidad métrica **kilogramo (kg)**.

Un clip pequeño tiene una masa de alrededor de 1 gramo.

Una caja de 1,000 clips tiene una masa de alrededor de 1 kilogramo.

Piensa: La masa de un billete de un dólar está más cerca de la masa de un clip pequeño que de la de una caja de 1,000 clips.

Entonces, Pedro debería medir la masa del billete de un dólar en _____.

Actividad 1

Materiales ■ balanza de platillos
■ pesas de masa en gramos y en kilogramos

Puedes usar una balanza de platillos para medir la masa.

¿Tienen 10 gramos la misma masa que 1 kilogramo?

- Coloca pesas de masa que sumen 10 gramos de un lado de la balanza.

- Coloca una pesa de 1 kilogramo de masa del otro lado de la balanza.

Piensa: Si está equilibrada, los objetos tienen la misma masa. Si no está equilibrada, los objetos no tienen la misma masa.

- Dibuja pesas de masa para completar la ilustración de la balanza que está arriba y mostrar tu balanza.

La balanza de platillos _____.

Entonces, 10 gramos y 1 kilogramo _____ la misma masa.

Charla matemática PRÁCTICAS Y PROCESOS MATEMÁTICOS ④

Representa ¿Cómo sabes qué lado de la balanza tiene mayor masa?

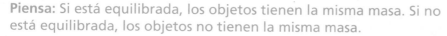

Actividad 2

Materiales ■ balanza de platillos ■ pesas de masa en gramos y en kilogramos ■ objetos del salón de clases

PASO 1 Usa los objetos que figuran en la tabla. Decide si el objeto debería medirse en gramos o en kilogramos.

PASO 2 Estima la masa de cada objeto. Anota tus estimaciones en la tabla.

PASO 3 Mide la masa de cada objeto al gramo o kilogramo más próximo. Coloca el objeto en un lado de la balanza. Coloca pesas de masa en gramos o en kilogramos en el otro lado hasta que ambos lados queden equilibrados.

PASO 4 Suma las medidas de las pesas de masa en gramos o en kilogramos. Esa es la masa del objeto. Anota la masa en la tabla.

▲ 189 canicas tienen una masa de 1 kilogramo.

Masa		
Objeto	**Estimación**	**Masa**
crayón		
engrapadora		
goma de borrar		
marcador		
anotador pequeño		
tijeras		

Charla matemática

PRÁCTICAS Y PROCESOS MATEMÁTICOS ⑥

Compara ¿Qué relación hay entre tus estimaciones y las medidas reales?

• Ordena los objetos del que tiene mayor masa al que tiene menor masa.

_____ , _____ , _____ ,

_____ , _____ , _____

Comparte y muestra

MATH BOARD

1. Cinco plátanos tienen una masa aproximada de

_____ .

Piensa: La balanza de platillos está equilibrada, entonces los objetos de ambos lados tienen la misma masa.

Nombre _____

Elige la unidad que usarías para medir la masa. Escribe *gramo* o *kilogramo*.

2. fresa

_____

☑3. perro

_____

Compara la masa de los objetos. Escribe *es menor que, es igual a* o *es mayor que*.

4.

La masa del bolo _____ la masa de la pieza de ajedrez.

☑5.

La masa de las gomas de borrar

_____ la masa de los clips.

Por tu cuenta

Elige la unidad que usarías para medir la masa. Escribe *gramo* o *kilogramo*.

6. silla

_____

7. gafas de sol

_____

8. sandía

_____

Compara la masa de los objetos. Escribe *es menor que, es igual a* o *es mayor que*.

9.

La masa del bolígrafo _____ la masa de los clips.

10.

La masa de las pajillas _____ la masa de los bloques.

Resolución de problemas • Aplicaciones (En el mundo)

11. **MÁS** AL DETALLE   Ordena las pelotas deportivas de la derecha de la que tiene mayor masa a la que tiene menor masa.

_____

_____

_____

pelota de golf

pelota de tenis de mesa

pelota de bolos

12. **PRÁCTICAS Y PROCESOS MATEMÁTICOS ④** **Usa diagramas** Elige dos objetos que tengan alrededor de la misma masa. Dibuja una balanza con estos objetos, uno de cada lado.

13. **PRÁCTICAS Y PROCESOS MATEMÁTICOS ④** **Usa diagramas** Elige dos objetos que tengan masas diferentes. Dibuja una balanza con estos objetos, uno de cada lado.

pelota de béisbol

pelota de tenis

14. **PIENSA MÁS** **Plantea un problema** Escribe un problema sobre los objetos que elegiste en el Ejercicio 13. Luego resuelve tu problema.

_____

_____

15. **PIENSA MÁS** **¿Tiene sentido?** Amber compra algunos productos en la tienda de comestibles. Dice que una manzana Fuji y un pimiento verde tendrían la misma masa porque tienen el mismo tamaño. ¿Tiene sentido lo que dice? Explícalo.

_____

_____

_____

16. **PIENSA MÁS** Elige los objetos que tengan una masa mayor a 1 kilogramo. Marca todas las respuestas que correspondan.

Ⓐ patineta   Ⓓ huevo

Ⓑ computadora portátil   Ⓔ escritorio

Ⓒ teléfono celular   Ⓕ lápiz

Estimar y medir la masa

Objetivo de aprendizaje Elegirás la unidad para medir masas en gramos o kilogramos y compararás las masas de objetos usando *más que, menos que o igual a* entre unos y otros.

**Elige la unidad que usarías para medir la masa.
Escribe *gramo* o *kilogramo*.**

1. CD

gramo

2. niño

_____

3. bolsa con azúcar

_____

**Compara la masa de los objetos. Escribe *es menor que,
es igual a* o *es mayor que*.**

4.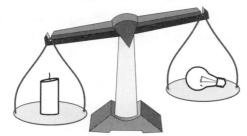

La masa de la vela _____

la masa de la bombilla.

5.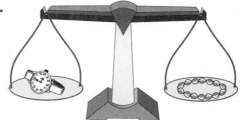

La masa del reloj _____
la masa del collar.

Resolución de problemas

6. Una pelota roja tiene una masa menor que 1 kilogramo. Una pelota azul tiene una masa de 1 kilogramo. ¿La masa de la pelota azul es mayor o menor que la masa de la pelota roja?

_____

7. El perro de Brock es un *collie*. Para hallar la masa del perro, ¿Brock debería usar *gramos* o *kilogramos*?

_____

8. ESCRIBE ▸ *Matemáticas* Nombra un objeto de tu casa que tenga una masa aproximada de 1 Kg.

_____

_____

Repaso de la lección

1. ¿Qué unidad de medida usarías para medir la masa de una uva? Escribe gramo o kilogramo.

2. Elsie quiere hallar la masa de su poni. ¿Qué unidad debería usar? Escribe gramo o kilogramo.

Repaso en espiral

3. Marsie infló 24 globos. Ató los globos en grupos de 4. ¿Cuántos grupos formó Marsie?

4. Clark usó el orden de las operaciones para hallar el número desconocido en $15 - 12 \div 3 = n$. ¿Cuál es el valor del número desconocido?

Usa los dibujos para responder las Preguntas 5 y 6.
Ralph vierte jugo en cuatro botellas del mismo tamaño.

5. ¿Qué botella tiene la mayor cantidad de jugo?

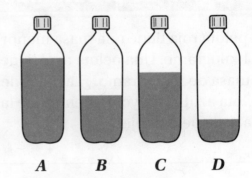

A   B   C   D

6. ¿Qué botella tiene la menor cantidad de jugo?

Nombre _____

Resolver problemas sobre el volumen de un líquido y la masa

Objetivo de aprendizaje Usarás modelos de barras y luego escribirás una ecuación para resolver problemas de volumen de líquidos y de masa.

Pregunta esencial ¿Cómo puedes usar modelos para resolver problemas de masa y volumen de un líquido?

Soluciona el problema

En un restaurante se sirve té helado de un recipiente grande en el que caben 24 litros. Sadie llenará el recipiente con las jarras de té que se muestran abajo. ¿Le quedará té después de llenar el recipiente?

Ejemplo 1 Resuelve un problema sobre el volumen de un líquido.

_____ L   _____ L   _____ L   _____ L

Puesto que hay _____ grupos iguales de _____ litros, puedes multiplicar.

_____ ◯ _____ = _____

Encierra en un círculo las palabras correctas para completar las oraciones.

_____ litros es *mayor que* / *menor que* 24 litros.

Entonces, a Sadie *le sobrará* / *no le sobrará* té.

¡Inténtalo! Usa un modelo de barras para resolver el problema.

La pecera de Raúl contiene 32 litros de agua. La vacía con una cubeta en la que caben 4 litros de agua. ¿Cuántas veces deberá llenar Raúl la cubeta?

_____ ◯ _____ = _____

Entonces, Raúl deberá llenar la cubeta _____ veces.

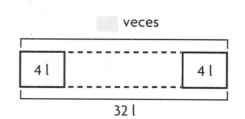

🔓 **Actividad** Resuelve un problema sobre masa.

Materiales ▪ balanza de platillos ▪ pegamento en barra
▪ pesas de masa en gramos

Jeff tiene un pegamento en barra y una pesa de masa de
20 gramos en un lado de la balanza y pesas de masa
en gramos en el otro lado. La balanza de platillos está
equilibrada. ¿Cuál es la masa del pegamento en barra?

PASO 1 Coloca un pegamento en barra y una pesa de masa
de 20 gramos en un lado de la balanza.

PASO 2 Coloca pesas de masa en gramos en el otro lado
hasta que la balanza de platillos esté equilibrada.

PASO 3 Para hallar la masa del pegamento en barra, quita
20 gramos de cada lado.

Piensa: Puedo retirar 20 gramos de ambos lados y la
balanza de platillos permanecerá equilibrada.

PASO 4 Luego suma las medidas de las pesas de masa en
gramos de la balanza.

Las pesas de masa tienen una medida de _____ gramos.

Entonces, el pegamento tiene una masa de _____.

Charla matemática

PRÁCTICAS Y PROCESOS MATEMÁTICOS ④

Escribe una ecuación ¿Qué
ecuación puedes escribir
para hallar la masa del
pegamento en barra?

¡Inténtalo! **Usa un modelo de barras para resolver el problema.**

Una bolsa de guisantes tiene una masa de
432 gramos. Una bolsa de zanahorias tiene una
masa de 263 gramos. ¿Cuál es la masa total de
las dos bolsas?

_____ g	_____ g

_____ g

_____ ◯ _____ = _____

Entonces, las dos bolsas tienen una masa total de _____ gramos.

Comparte y muestra [MATH BOARD]

1. El servicio de entregas de Ed entregó a la
Sra. Wilson tres paquetes con masas de 9 kg,
12 kg y 5 kg. ¿Cuál es la masa total de los tres
paquetes? Usa el modelo de barras como ayuda.

__ kg	_____ kg	__ kg

_____ kg

Nombre _____

Escribe una ecuación y resuelve el problema.

2. La receta de Ariel requiere 64 gramos de manzanas y 86 gramos de naranjas. ¿Cuántos gramos más de naranjas que de manzanas requiere la receta?

_____ ◯ _____ = _____

3. En el restaurante Dan's Clams se vendieron 45 litros de limonada. Si se vendió la misma cantidad de limonada cada hora en 9 horas, ¿cuántos litros de limonada se vendieron por hora?

_____ ◯ _____ = _____

Charla matemática

PRÁCTICAS Y PROCESOS MATEMÁTICOS ④

Representa ¿Cómo podrías usar un modelo para resolver el Ejercicio 2?

Por tu cuenta

PRÁCTICAS Y PROCESOS MATEMÁTICOS ④ **Escribe una ecuación** **Escribe una ecuación y resuelve el problema.**

4. En la caja de Sara hay 4 kilogramos de servilletas y 29 kilogramos de anillos para servilletas. ¿Cuál es la masa total de las servilletas y los anillos?

_____ ◯ _____ = _____

5. Josh tiene 6 cubetas para limpiar un restaurante. Llena cada cubeta con 4 litros de agua. ¿Cuántos litros de agua hay en las cubetas?

_____ ◯ _____ = _____

6. PIENSA MÁS Ellen verterá agua en la Jarra *B* hasta que tenga 1 litro más de agua que la Jarra *A*. ¿Cuántos litros de agua verterá en la Jarra *B*? Explica cómo hallaste tu respuesta.

Jarra *A*   Jarra *B*

_____

_____

7. Práctica: Copia y resuelve Usa las ilustraciones para escribir dos problemas. Luego resuélvelos.

Jugo de uva   **Jugo de manzana**

Cereal

Café

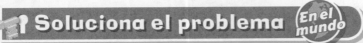

Soluciona el problema (En el mundo)

8. En el Café de Ken se sirven batidos de frutas. Cada batido tiene 9 gramos de fresas frescas. ¿Cuántos gramos de fresas hay en 8 batidos?

a. ¿Qué debes hallar? _____

b. ¿Qué operación usarás para hallar la respuesta? _____

c. **PRÁCTICAS Y PROCESOS MATEMÁTICOS ②** **Usa diagramas** Haz un diagrama para resolver el problema.

d. Completa las oraciones.

Hay _____ batidos de fruta con _____ gramos de fresas cada uno. Puesto que

cada taza es un grupo _____ , se puede _____.

_____ ◯ _____ = _____

Entonces, hay _____ gramos de fresas en 8 batidos.

---

9. 〖MÁS AL DETALLE〗 Arturo tiene dos recipientes y cada uno contiene 12 litros de agua. Daniel tiene dos recipientes y cada uno contiene 16 litros de agua. ¿Cuál es el volumen total del líquido de los recipientes?

_____

---

10. 〖PIENSA MÁS〗 En una tienda de comestibles se prepara un aderezo para ensaladas. Un frasco pequeño tiene 3 gramos de especias. Un frasco grande tiene 5 gramos de especias. ¿Serán suficientes 25 gramos de especias para preparar 3 frascos pequeños y 3 grandes? Muestra tu trabajo.

Resolver problemas sobre el volumen de un líquido y la masa

Objetivo de aprendizaje Usarás modelos de barras y luego escribirás una ecuación para resolver problemas de volumen de líquidos y de masa.

Escribe una ecuación y resuelve el problema.

1. A Luis le sirvieron 145 gramos de carne y 217 gramos de vegetales en una comida. ¿Cuál es la masa total de la carne y los vegetales?

   Piensa: Suma para hallar cuánto es el total.

   $\underline{145}$ $\oplus$ $\underline{217}$ = _____ _____

2. El tanque de gasolina de un tractor para cortar césped tiene capacidad para 5 litros de combustible. ¿Cuántos tanques de gasolina de 5 litros se pueden llenar con una lata de combustible de 20 litros llena?

   ____ ◯ ____ = ____ _____

3. Para preparar una bebida de lima limón, Mac mezcló 4 litros de limonada con 2 litros de jugo de lima. ¿Qué cantidad de la bebida de lima limón preparó Mac?

   ____ ◯ ____ = ____ _____

4. Una moneda de 5¢ tiene una masa de 5 gramos. Hay 40 monedas de 5¢ en un rollo de monedas. ¿Cuál es la masa del rollo de monedas de 5¢?

   ____ ◯ ____ = ____ _____

Resolución de problemas En el mundo

5. En la pecera de Zoe caben 27 litros de agua. Zoe usa un recipiente de 3 litros para llenarla. ¿Cuántas veces tiene que llenar el recipiente de 3 litros para llenar la pecera?

   _____

6. La mochila de Adrián tiene una masa de 15 kilogramos. La mochila de Teresa tiene una masa de 8 kilogramos. ¿Cuál es la masa total de las dos mochilas?

   _____

7. **ESCRIBE** ▸ *Matemáticas* Escribe un problema que se pueda resolver con un modelo de barras que muestre igual grupo de litros. Luego, resuelve el problema.

   _____

   _____

Repaso de la lección

1. El sabueso de Mickey tiene una masa de 15 kilogramos. Su perro salchicha tiene una masa de 13 kilogramos. ¿Cuál es la masa de los dos perros juntos?

2. Lois puso 8 litros de agua en una cubeta para su poni. Al final del día, quedaron 2 litros de agua. ¿Cuánta agua bebió el poni?

Repaso en espiral

3. Josiah tiene 3 paquetes de animales de juguete. Cada paquete tiene la misma cantidad de animales. Josiah le da 6 animales a su hermana Stephanie y le quedan 9 animales. ¿Cuántos animales había en cada paquete?

4. Tom corrió $\frac{3}{10}$ de milla, Betsy corrió $\frac{5}{10}$ de milla y Sue corrió $\frac{2}{10}$ de milla. ¿Quién corrió una distancia mayor que $\frac{4}{10}$ de milla?

5. Bob comenzó a cortar el césped a las 9:55 a. m. Tardó 25 minutos en cortar el césped del jardín del frente y 45 minutos en cortar el del jardín trasero. ¿A qué hora terminó Bob de cortar el césped?

6. Juliana quiere hallar la masa de una sandía. ¿Qué unidad debería usar?

© Houghton Mifflin Harcourt Publishing Company

PRACTICA MÁS CON EL
Entrenador personal en matemáticas

Nombre _____

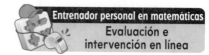

1. La clase de arte de Yul y Sarah comenzó a las 11:25 a. m. La clase duró 30 minutos. Yul se fue al terminar la clase. Sarah se quedó 5 minutos más para hablar con la maestra y luego se fue.

Escribe la hora a la que se fue cada estudiante. Explica cómo hallaste cada hora.

_____

_____

2. Julio midió un objeto que encontró. El objeto medía aproximadamente $\frac{3}{4}$ de pulgada de ancho.

En los ejercicios 2a a 2d, elige Sí o No para indicar si el objeto podría ser el que midió Julio.

2a. ○ Sí   ○ No

2b. ○ Sí   ○ No

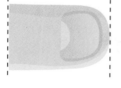

2c. ○ Sí   ○ No

2d. ○ Sí   ○ No

 Opciones de evaluación
Prueba del capítulo

3. Dina comenzó a nadar a las 3:38 p. m. Nadó hasta las 4:15 p. m. ¿Cuánto tiempo nadó Dina?

_____ minutos

4. La clase de Ciencias sociales de Rita comienza diez minutos antes de la una de la tarde. ¿A qué hora comienza la clase de Ciencias sociales de Rita? Encierra en un círculo la hora que hace que la oración sea verdadera.

La clase de Ciencias sociales de Rita comienza a

la 1:10 a. m.
la 1:10 p. m.
las 12:50 a. m.
las 12:50 p. m.

5. Elige los objetos que tengan una masa mayor que 1 kilogramo. Marca todas las respuestas que correspondan.

(A) bicicleta

(C) goma de borrar

(B) bolígrafo

(D) libro de matemáticas

6. Una comida de pollo debe cocinarse 35 minutos en el horno. La comida debe enfriarse al menos 8 minutos antes de servirse. Scott puso la comida en el horno a las 5:14 p. m.

En los ejercicios 6a a 6d, elige Verdadero o Falso para cada oración.

6a. Scott puede servir la comida a las 5:51 p. m. ○ Verdadero ○ Falso

6b. Scott puede servir la comida a las 5:58 p. m. ○ Verdadero ○ Falso

6c. Scott debe sacar la comida del horno a las 5:51 a. m. ○ Verdadero ○ Falso

6d. Scott debe sacar la comida del horno a las 5:49 p. m. ○ Verdadero ○ Falso

7. Anthony le leyó un libro a su hermano menor. Comenzó a leer a la hora que se muestra en el reloj. Detuvo su lectura a las 5:45 p. m.

Parte A

¿Cuánto tiempo le leyó Anthony a su hermano menor?

_____ minutos

Parte B

Explica cómo hallaste la respuesta.

_____

_____

_____

_____

_____

8. Fran miró la hora en su reloj después de correr, como lo hace todos los días.

Elige la hora a la que Fran terminó de correr. Marca todas las respuestas que correspondan.

(**A**) 14 minutos antes de las nueve   (**C**) nueve menos cuarto

(**B**) ocho y cuarenta y seis   (**D**) nueve y cuarenta y seis

9. Carla usa una balanza para comparar las masas.

Encierra en un círculo un símbolo que haga que la oración sea verdadera.

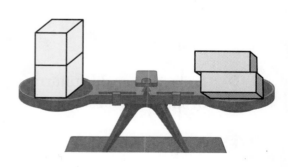

La masa de los bloques

$<$
$>$
$=$

la masa de las gomas de borrar.

10. Una botella grande de agua contiene alrededor de 2 litros.

En los ejercicios 10a a 10e, elige Sí o No para indicar si el recipiente puede contener toda el agua.

10a.	fregadero de cocina	○ Sí ○ No
10b.	vaso de agua	○ Sí ○ No
10c.	bandeja de cubos de hielo	○ Sí ○ No
10d.	olla grande de sopa	○ Sí ○ No
10e.	termo de lonchera	○ Sí ○ No

11. Elige los objetos que se miden mejor en gramos.
Marca todas las respuestas que correspondan.

(A) sandía

(B) hoja de lechuga

(C) uva

(D) cebolla

12. Samir hizo una lista de lo que hizo el martes. Escribe la letra de cada actividad junto a la hora a la que la realizó.

(A) Me levanté de la cama.   ☐ 8:05 a. m.

(B) Caminé a la escuela.   ☐ 6:25 p. m.

(C) Almorcé.   ☐ 3:50 p. m.

(D) Fui a la clase de guitarra después de la escuela.   ☐ 11:48 a. m.

(E) Cené en casa.   ☐ 6:25 a. m.

13. Amy tiene 30 gramos de harina. Pone 4 gramos de harina en cada olla de sopa de pescado que prepara. Pone 5 gramos de harina en cada sopa de patata que prepara. Prepara 4 ollas de sopa de pescado. ¿Le queda suficiente harina para preparar 3 ollas de sopa de patatas?

14. *MÁS AL DETALLE* Usa una regla de pulgadas para medir.

Parte A

¿Cuál es la longitud de la hoja al cuarto de pulgada más próximo?

_____

_____

Parte B

Explica qué sucede si alineas el extremo izquierdo del objeto con el 1 de la regla.

_____

_____

15. La Sra. Park toma el tren de las 9:38 a. m. para ir a la ciudad. El viaje dura 3 horas y 20 minutos. ¿A qué hora llega a la ciudad la Sra. Parks?

_____

16. Héctor compra dos bolsas de grava para la entrada del auto. Compra un total de 35 kilogramos de grava. Marca las bolsas que compra.

15 kg	17 kg	18 kg	19 kg
○	○	○	○

17. **PIENSA MÁS** Ashley mide las conchas de mar que recoge. Anota las medidas en una tabla.

Parte A

Ashley encontró una concha navaja de esta longitud. Usa una regla de pulgadas para medirla. Anota la medida en la tabla.

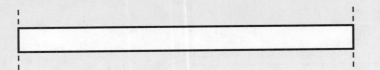

_____ pulgadas

Número de conchas de mar	Longitud en pulgadas
1	1
2	$2\frac{1}{2}$
3	$1\frac{1}{2}$
1	2

Parte B

Completa el diagrama de puntos para mostrar los datos de la tabla. ¿Cuántas conchas de mar miden más de 2 pulgadas? Indica cómo lo sabes.

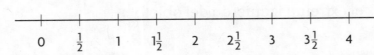

Longitud de las conchas de mar medidas a la media pulgada más próxima

_____

_____

18. Lucy llena el lavabo del baño con agua. ¿Es la cantidad de agua *más de 1 litro, alrededor de 1 litro* o *menos de 1 litro*? Explica cómo lo sabes.

_____

_____

_____

Capítulo 11

Perímetro y área

 Muestra lo que sabes

 Entrenador personal en matemáticas
Evaluación e intervención en línea

Comprueba si comprendes las destrezas importantes.

Nombre _____

▶ **Medir la longitud con unidades no convencionales**
Usa clips para medir el objeto.

1.

alrededor de _____

2.

alrededor de _____

▶ **Sumar 3 números** **Escribe la suma.**

3. $2 + 7 + 3 =$ _____   **4.** $3 + 5 + 2 =$ _____   **5.** $6 + 1 + 9 =$ _____

▶ **Hacer modelos con matrices** **Usa la matriz. Completa.**

6. 3 hileras de 4

_____ × _____ = _____

7. 4 hileras de 2

_____ × _____ = _____

 **Matemáticas En el mundo**

Julia tiene un portarretratos con una longitud de los lados de
12 pulgadas y 24 pulgadas. Quiere cortar y pegar una
cinta de un color alrededor, de modo que cubra
exactamente el borde. La cinta verde mide 72 pulgadas
de longitud. La cinta roja mide 48 pulgadas de longitud.
Halla qué cinta debería elegir Julia para pegarla alrededor
del portarretratos.

Desarrollo del vocabulario

▶ **Visualízalo** •••••••••••••••••••••••••
Clasifica las palabras con ✔ en el diagrama de Venn.

Perímetro   Área

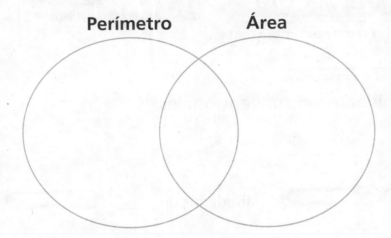

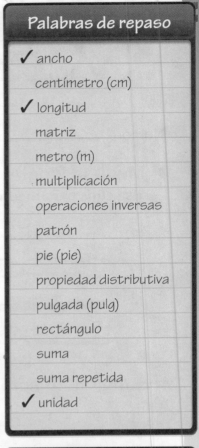
▶ **Comprende el vocabulario** ••••••••••••••••••
Completa las oraciones con las palabras de repaso y palabras nuevas.

1. La distancia del contorno de una figura es el

   _____ .

2. El _____ es la medida del número de cuadrados de una unidad que se necesitan para cubrir una superficie.

3. Para hallar el área de un rectángulo, se puede contar,

   usar la _____ o multiplicar.

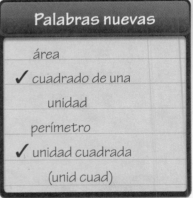
4. Un _____ es un cuadrado con una longitud de lado de 1 unidad que se usa para medir el área.

5. Con la _____, se muestra que se puede separar un rectángulo en rectángulos más pequeños y sumar el área de cada rectángulo más pequeño para hallar el área total.

• **Libro interactivo del estudiante**
• **Glosario multimedia**

Vocabulario del Capítulo 11

área

area

3

centímetro (cm)

centimeter (cm)

4

cuadrado de una unidad

unit square

7

longitud

length

37

operaciones inversas

inverse operations

52

perímetro

perimeter

59

rectángulo

rectangle

71

unidad cuadrada

square unit

82

Una unidad métrica que se usa para medir la longitud o la distancia
100 centímetros = 1 metro

centímetros

La medida del número de cuadrados de una unidad que se necesitan para cubrir una superficie

Área = 8 unidades cuadradas

La medida de la distancia entre dos puntos

Un cuadrado con una longitud de lado de una unidad que se usa para medir el área

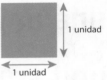

1 unidad

1 unidad

La distancia del contorno de una figura

Ejemplo: El perímetro de este rectángulo es 20 pulgadas.

6 pulg

4 pulg   4 pulg

6 pulg

Operaciones opuestas u operaciones que se anulan entre sí, como la suma y la resta o la multiplicación y la división.

Ejemplos: $16 + 8 = 24$; $24 - 8 = 16$
$4 \times 3 = 12$; $12 \div 4 = 3$

Una unidad que se usa para medir el área, como un pie cuadrado, un metro cuadrado y así sucesivamente

---

Un cuadrilátero con dos pares de lados paralelos, dos pares de lados de la misma longitud y cuatro ángulos rectos

  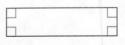

¡Dibújalo!

Para 3 a 4 jugadores

Materiales

- cronómetro
- bloc de dibujo

Instrucciones

1. Túrnense para jugar.
2. Cuando sea tu turno, elige una palabra del Recuadro de palabras, pero no la digas en voz alta.
3. Ajusta el cronómetro para 1 minuto.
4. Haz dibujos y escribe números para dar pistas sobre la palabra.
5. El primer jugador que adivine la palabra antes de que termine el tiempo obtiene 1 punto. Si ese jugador puede usar la palabra en una oración, obtiene 1 punto más. Luego, es su turno de elegir una palabra.
6. Ganará la partida el primer jugador que obtenga 10 puntos.

Recuadro de palabras

área

centímetro (cm)

cuadrado de una unidad

longitud

operaciones inversas

perímetro

rectángulo

unidad cuadrada (unid cuad)

Escríbelo

Reflexiona

Elige una idea. Escribe sobre ella.

- Define perímetro con tus propias palabras.
- Escribe dos cosas que sepas sobre el área.
- Explica por qué dos rectángulos pueden tener la misma área pero distinto perímetro. Da un ejemplo.

Representar el perímetro

Pregunta esencial ¿Cómo puedes hallar el perímetro?

Objetivo de aprendizaje Usarás papel punteado y papel cuadriculado para hallar el perímetro de una figura al contar el número de unidades de cada lado.

Investigar

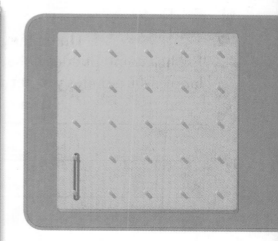

El **perímetro** es la distancia del contorno de una figura.

Materiales ■ geotabla ■ elásticos

Puedes hallar el perímetro de un rectángulo en una geotabla o en papel punteado si cuentas la cantidad de unidades que tiene cada lado.

A. En la geotabla, haz un rectángulo que tenga 3 unidades en dos lados y 2 unidades en los otros dos lados.

B. Dibuja el rectángulo en este papel punteado.

←— 1 Unidad

C. Escribe la longitud junto a cada lado del rectángulo.

D. Suma la cantidad de unidades de cada lado.

_____ + _____ + _____ + _____ = _____

E. Entonces, el perímetro del rectángulo es

_____ unidades.

• ¿Cómo cambiaría el perímetro del rectángulo si la longitud de dos de los lados fuera 4 unidades en lugar de 3 unidades?

_____

_____

1. Describe cómo hallarías el perímetro de un rectángulo que mide 5 unidades de ancho y 6 unidades de longitud.

_____

2. PIENSA MÁS Un rectángulo tiene dos pares de lados de la misma longitud. Explica cómo puedes hallar la longitud desconocida de dos lados si la longitud de un lado es 4 unidades y el perímetro del rectángulo es 14 unidades.

_____

_____

_____

3. PRÁCTICAS Y PROCESOS MATEMÁTICOS ① Evalúa Julia dice que hallar el perímetro de una figura que tiene todos los lados de la misma longitud es más fácil que hallar el perímetro de otras figuras. ¿Estás de acuerdo? Explícalo.

_____

_____

Hacer conexiones

Charla matemática PRÁCTICAS Y PROCESOS MATEMÁTICOS ③

Aplica Si un rectángulo tiene un perímetro de 12 unidades, ¿cuántas unidades de ancho y cuántas unidades de longitud podría tener?

Para hallar el perímetro de una figura, también puedes usar papel cuadriculado y contar la cantidad de unidades que tiene cada lado de la figura.

Comienza por la flecha y traza el perímetro. Empieza a contar desde 1. Sigue contando cada unidad alrededor de la figura hasta que hayas contado todas las unidades.

Ⓐ

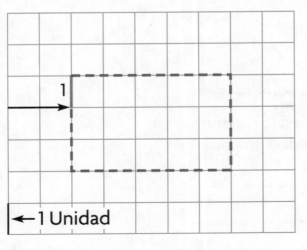

←1 Unidad

Ⓑ

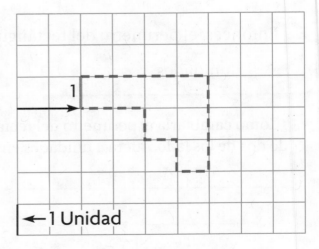

←1 Unidad

Perímetro = _____ unidades

Perímetro = _____ unidades

Comparte y muestra

Halla el perímetro de la figura. Cada unidad es 1 centímetro.

1.

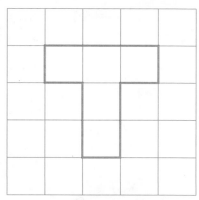

_____ centímetros

2.

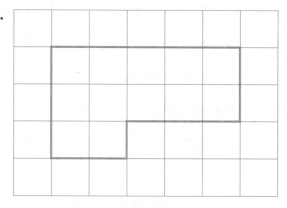

_____ centímetros

3.

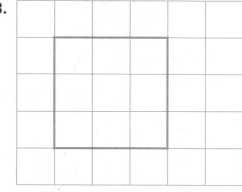

_____ centímetros

4.

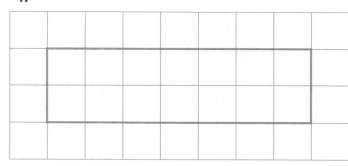

_____ centímetros

Halla el perímetro.

5. Una figura con cuatro lados que miden 4 centímetros, 6 centímetros, 5 centímetros y 1 centímetro

_____ centímetros

6. Una figura con dos lados que miden 10 pulgadas, un lado que mide 8 pulgadas y un lado que mide 4 pulgadas

_____ pulgadas

Resolución de problemas • Aplicaciones

7. PRÁCTICAS Y PROCESOS MATEMÁTICOS ⑥ **Explica** cómo hallar la longitud de los lados de un triángulo que tiene lados de la misma longitud y un perímetro de 27 pulgadas.

_____

_____

8. PIENSA MÁS Luisa dibujó un rectángulo con un perímetro de 18 centímetros. Elige los rectángulos que Luisa pudo haber dibujado. Marca todas las respuestas que correspondan. Usa la cuadrícula como ayuda.

(A) 9 centímetros de longitud y 2 centímetros de ancho

(B) 6 centímetros de longitud y 3 centímetros de ancho

(C) 4 centímetros de longitud y 4 centímetros de ancho

(D) 5 centímetros de longitud y 4 centímetros de ancho

(E) 7 centímetros de longitud y 2 centímetros de ancho

9. PIENSA MÁS ¿Cuál es el error? Kevin resuelve problemas de perímetros. Cuenta las unidades y dice que el perímetro de esta figura es 18 unidades.

Observa la solución de Kevin.

Halla el error de Kevin.

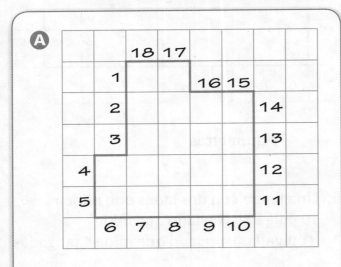

Perímetro = _____ unidades

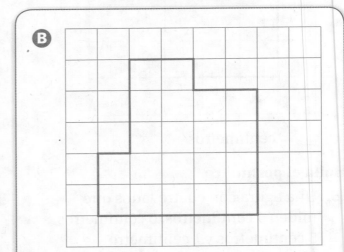

Perímetro = _____ unidades

• MÁS AL DETALLE Describe el error de Kevin. En el dibujo que hizo Kevin, encierra en un círculo los lugares donde cometió un error.

_____

_____

Representar el perímetro

Objetivo de aprendizaje Usarás papel punteado y papel cuadriculado para hallar el perímetro de una figura al contar el número de unidades de cada lado.

Halla el perímetro de la figura. Cada unidad es 1 centímetro.

1.

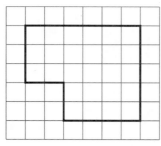

_____22_____ centímetros

2.

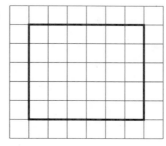

_____ centímetros

Resolución de problemas

Usa los dibujos para resolver los problemas 3 y 4. Cada unidad es 1 centímetro.

3. ¿Cuál es el perímetro de la figura de Patrick?

_____

4. ¿Cuánto mayor es el perímetro de la figura de Jillian que el perímetro de la figura de Patrick?

_____

Figura de Patrick

Figura de Jillian

5. ESCRIBE ▸*Matemáticas* Traza líneas sobre papel cuadriculado para dibujar un rectángulo y otra figura que no sea un rectángulo. Describe cómo se halla el perímetro de ambas figuras.

_____

_____

_____

Repaso de la lección

1. Halla el perímetro de la figura. Cada unidad es 1 centímetro.

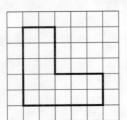

_____

2. Halla el perímetro de la figura. Cada unidad es 1 centímetro.

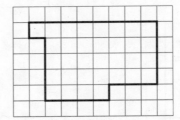

_____

Repaso en espiral

3. Ordena las fracciones de menor a mayor.

$$\frac{2}{4}, \frac{2}{3}, \frac{2}{6}$$

4. Las clases en la escuela de Kasey comienzan a la hora que se muestra en el reloj. ¿A qué hora comienzan las clases en la escuela de Kasey?

_____

5. Compara. Escribe <, > o =.

$$\frac{4}{8} \bigcirc \frac{3}{8}$$

6. Aiden quiere hallar la masa de una bola para jugar a los bolos. ¿Qué unidad debe usar?

_____

PRACTICA MÁS CON EL
Entrenador personal
en matemáticas

Nombre _____

Hallar el perímetro

Pregunta esencial ¿Cómo puedes medir el perímetro?

Objetivo de aprendizaje Usarás reglas para hacer estimaciones y medir el perímetro de figuras en pulgadas y centímetros.

Puedes estimar y medir un perímetro en unidades estándares, como pulgadas y centímetros.

🔍 Soluciona el problema En el mundo

Manos a la obra

Halla el perímetro de la tapa de un cuaderno.

🔑 Actividad Materiales ■ regla en pulgadas

PASO 1 Estima el perímetro de un cuaderno en pulgadas. Anota tu estimación. _____ pulgadas

PASO 2 Usa una regla en pulgadas para medir la longitud de cada lado del cuaderno a la pulgada más próxima.

PASO 3 Anota y suma las longitudes de los lados medidos a la pulgada más próxima.

_____ + _____ + _____ + _____ = _____

Entonces, el perímetro de la tapa del cuaderno,

medido a la pulgada más próxima, es _____ pulgadas.

Charla matemática

PRÁCTICAS Y PROCESOS MATEMÁTICOS ①

Evalúa ¿En qué se diferencia la estimación de tus medidas?

¡Inténtalo! **Halla el perímetro.**

Usa una regla en pulgadas para hallar la longitud de cada lado.	Usa una regla en centímetros para hallar la longitud de cada lado.
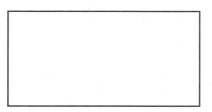	
Suma la longitud de los lados:	Suma la longitud de los lados:
____ + ____ + ____ + ____ = ____	____ + ____ + ____ + ____ = ____
El perímetro es _____ pulgadas.	El perímetro es _____ centímetros.

1. Halla el perímetro del triángulo en pulgadas.

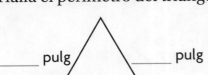

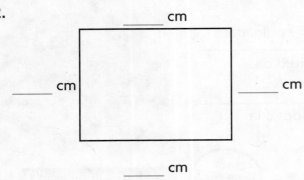

_____ pulg   _____ pulg

Piensa: ¿Cuánto mide cada lado?

_____ pulg

_____ pulgadas

Charla matemática PRÁCTICAS Y PROCESOS MATEMÁTICOS ❷

Razona de forma abstracta ¿Cómo usas la suma para hallar el perímetro de una figura?

Usa una regla en centímetros para hallar el perímetro.

2.

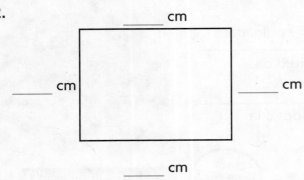

_____ cm

_____ cm   _____ cm

_____ cm

_____ centímetros

✓3.

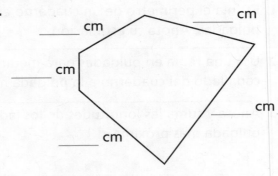

_____ cm   _____ cm

_____ cm

_____ cm

_____ cm

_____ centímetros

Usa una regla en pulgadas para hallar el perímetro.

4.

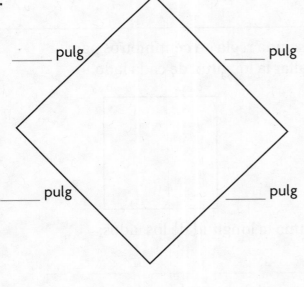

_____ pulg   _____ pulg

_____ pulg   _____ pulg

_____ pulgadas

✓5.

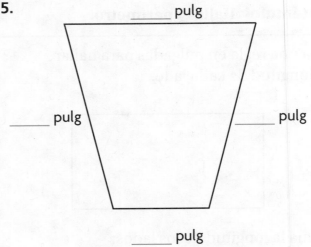

_____ pulg

_____ pulg   _____ pulg

_____ pulg

_____ pulgadas

Nombre _____

Usa una regla para hallar el perímetro.

6.

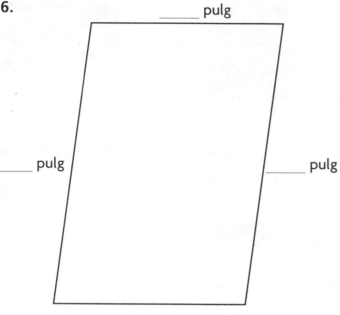

_____ pulg

_____ pulg

_____ pulg

_____ pulg

_____ pulgadas

7.

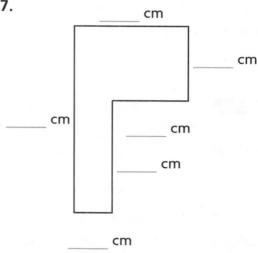

_____ cm

_____ cm

_____ cm

_____ cm

_____ cm

_____ cm

_____ centímetros

8. **PRÁCTICAS Y PROCESOS MATEMÁTICOS ④** **Haz modelos matemáticos** Usa el papel cuadriculado para dibujar una figura que tenga un perímetro de 24 centímetros. Rotula la longitud de cada lado.

← 1 cm

Resolución de problemas • Aplicaciones En el mundo

Usa las fotos para responder las preguntas 9 y 10.

5 pulg

7 pulg

9. ¿Cuál de las fotos de animales tiene un perímetro de 26 pulgadas?

8 pulg   8 pulg   4 pulg   4 pulg

_____

7 pulg

10. **MÁS AL DETALLE** ¿Cuánto más grande es el perímetro de la foto del pájaro que el perímetro de la foto del gato?

5 pulg

ESCRIBE ▸*Matemáticas* • **Muestra tu trabajo**

_____

11. **PIENSA MÁS** Erin colocará un cerco alrededor de su jardín cuadrado. Cada lado de su jardín mide 3 metros de longitud. El cerco cuesta $5 por metro. ¿Cuánto costará el cerco?

_____

12. **ESCRIBE** ▸*Matemáticas* El jardín de Gary tiene forma de rectángulo. Tiene dos pares de lados de la misma longitud y un perímetro de 28 pies. Explica cómo hallar la longitud de los otros lados si un lado mide 10 pies.

_____

_____

_____

_____

13. **PIENSA MÁS** Usa una regla en pulgadas para medir este adhesivo a la pulgada más próxima. Luego escribe una ecuación que puedas usar para hallar el perímetro.

Hallar el perímetro

Objetivo de aprendizaje Usarás reglas para hacer estimaciones y medir el perímetro de figuras en pulgadas y centímetros.

Usa una regla para hallar el perímetro.

1.

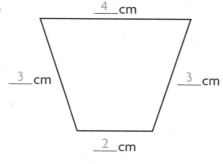

_4_ cm

_3_ cm   _3_ cm

_2_ cm

___12___ centímetros

2.

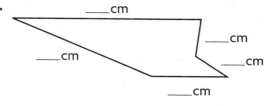

____ cm

____ cm   ____ cm

____ cm

____ cm

_____ centímetros

Resolución de problemas En el mundo

Haz un dibujo para resolver los problemas 3 y 4.

3. Evan tiene un adhesivo cuadrado que mide 5 pulgadas de cada lado. ¿Cuál es el perímetro del adhesivo?

_____

4. Sophie dibuja una figura que tiene 6 lados. Cada lado mide 3 centímetros. ¿Cuál es el perímetro de la figura?

_____

5. ESCRIBE ▸*Matemáticas* Dibuja dos figuras diferentes que tengan un perímetro de 20 unidades.

_____

Repaso de la lección

Usa una regla en pulgadas para resolver los Problemas 1 y 2.

1. Tania cortó un rótulo del tamaño de la figura que se muestra a continuación. ¿Cuál es el perímetro, en pulgadas, del rótulo de Tania?

_____

2. Julie dibujó la figura que se muestra a continuación. ¿Cuál es el perímetro, en pulgadas, de la figura?

_____

Repaso en espiral

3. ¿Cuál es el perímetro de la siguiente figura?

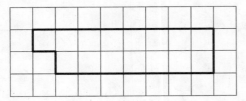

_____

4. Vince llega a su clase de trompeta después de la escuela a la hora que se muestra en el reloj. ¿A qué hora llega Vince a su clase de trompeta?

_____

5. La pecera pequeña de Matthew contiene 12 litros. Su pecera grande contiene 25 litros. ¿Cuántos litros más contiene la pecera grande?

_____

6. Compara. Escribe, $<$, $>$ o $=$.

$$\frac{1}{6} \bigcirc \frac{1}{4}$$

PRACTICA MÁS CON EL
Entrenador personal
en matemáticas

Álgebra • Hallar longitudes de lado desconocidas

Objetivo de aprendizaje Hallarás la longitud desconocida de un lado cuando conoces el perímetro de la figura.

Pregunta esencial ¿Cómo puedes hallar la longitud desconocida de un lado de una figura plana si conoces su perímetro?

Soluciona el problema En el mundo

Chen va a colocar una cerca de 27 pies alrededor de su jardín. Ya usó la cantidad de cerca que se muestra. ¿Cuánta cerca le queda para el último lado?

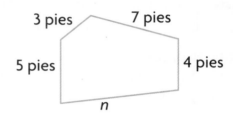

Halla la longitud desconocida del lado.

Escribe una ecuación para el perímetro.

Piensa: Si conociera el valor de n, sumaría las longitudes de todos los lados para hallar el perímetro.

Suma la longitud de los lados que conoces.

Piensa: La suma y la resta son operaciones inversas.

Escribe una ecuación relacionada.

Entonces, a Chen le quedan _____ pies de cerca.

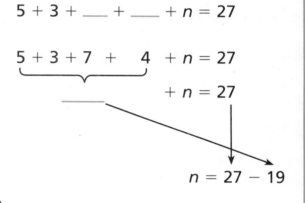

$5 + 3 + \underline{\quad} + \underline{\quad} + n = 27$

$5 + 3 + 7 + 4 + n = 27$

$\underline{\quad} + n = 27$

$n = 27 - 19$

$\underline{\quad} = 27 - 19$

Idea matemática
Un símbolo o una letra pueden representar la longitud desconocida de un lado.

¡Inténtalo!

El perímetro de la figura es 24 metros.
Halla la longitud desconocida del lado, w.

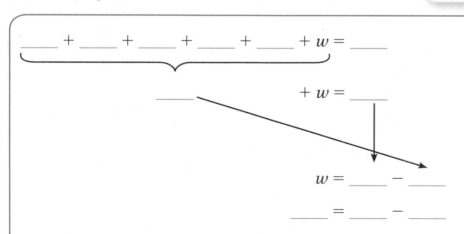

$\underline{\quad} + \underline{\quad} + \underline{\quad} + \underline{\quad} + \underline{\quad} + w = \underline{\quad}$

$\underline{\quad} + w = \underline{\quad}$

$w = \underline{\quad} - \underline{\quad}$

$\underline{\quad} = \underline{\quad} - \underline{\quad}$

Entonces, la longitud desconocida del lado es _____ metros.

🔒 Ejemplo Halla la longitud desconocida de los lados de un rectángulo.

5 pies

Lauren tiene una cobija rectangular. El perímetro es 28 pies. El ancho de la cobija es 5 pies. ¿Cuál es la longitud de la cobija?

Pista: Un rectángulo tiene dos pares de lados opuestos con la misma longitud.

l   *l*

Puedes predecir la longitud y sumar para hallar el perímetro. Si el perímetro es 28 pies, entonces esa es la longitud correcta.

5 pies

Predecir	Comprobar	¿Es correcto?
l = 7 pies	5 + ____ + 5 + ____ = ____	**Piensa:** El perímetro no es 28 pies, entonces la longitud no es correcta.
l = 8 pies	5 + ____ + 5 + ____ = ____	**Piensa:** El perímetro no es 28 pies, entonces la longitud no es correcta.
l = 9 pies	5 + ____ + 5 + ____ = ____	**Piensa:** El perímetro es 28 pies, entonces la longitud es correcta. ✓

Entonces, la cobija mide _____ pies de longitud.

¡Inténtalo! Halla la longitud desconocida de los lados de un cuadrado.

El cuadrado tiene un perímetro de 20 pulgadas. ¿Cuál es la longitud de cada lado del cuadrado?

Piensa: Un cuadrado tiene cuatro lados que tienen la misma longitud.

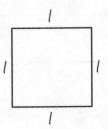

Puedes multiplicar para hallar el perímetro.

- Escribe una ecuación de multiplicación para el perímetro. $4 \times l = 20$
- Usa una operación de multiplicación que conozcas para resolver la ecuación. $4 \times \underline{\quad} = 20$

Entonces, cada lado del cuadrado mide _____ pulgadas de longitud.

Nombre _____

Halla la longitud desconocida de los lados.

1. Perímetro = 25 centímetros

$9 +$ _____ $+$ _____ $+ n = 25$

_____ $+ n = 25$

_____ $=$ _____ $-$ _____

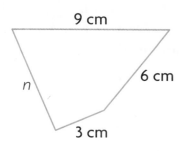

_____ centímetros

2. Perímetro = 34 metros

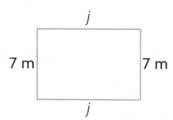

$j =$ _____ metros

3. Perímetro = 12 pies

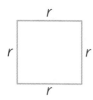

$r =$ _____ pies

Por tu cuenta

Halla la longitud desconocida de los lados.

4. Perímetro = 32 centímetros

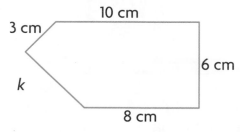

$k =$ _____ centímetros

5. **PIENSA MÁS** Perímetro = 42 pies

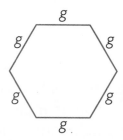

$g =$ _____ pies

6. **PRÁCTICAS Y PROCESOS MATEMÁTICOS ④** **Usa un diagrama** Eleni quiere colocar un cerco alrededor de su jardín cuadrado. El jardín tiene un perímetro de 28 metros. ¿Cuál será la longitud de cada lado del cerco? Explícalo.

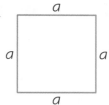

Charla matemática PRÁCTICAS Y PROCESOS MATEMÁTICOS ③

Aplica ¿Cómo puedes usar la división para hallar la longitud de un lado de un cuadrado?

_____

_____

Soluciona el problema En el mundo

7. **MÁS AL DETALLE** Latesha quiere hacer un borde con cinta alrededor de una figura que hizo y que dibujó a la derecha. Para hacer el borde, usará 44 centímetros de cinta. ¿Cuál es la longitud desconocida del lado?

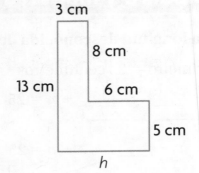

3 cm

8 cm

13 cm   6 cm

5 cm

h

a. ¿Qué debes hallar?

_____

b. ¿Cómo usarás lo que sabes sobre perímetros para resolver el problema?

_____

_____

c. Escribe una ecuación para resolver el problema.

_____

d. Entonces, la longitud desconocida del lado *h* es

_____ centímetros.

8. **PIENSA MÁS** Un rectángulo tiene un perímetro de 34 pulgadas. El lado izquierdo mide 6 pulgadas de longitud. ¿Cuál es la longitud del lado de arriba?

_____

Entrenador personal en matemáticas

9. **PIENSA MÁS ➕** Michael tiene 40 pies de material para armar el cerco de un patio rectangular para su perro, Bussy. Un lado del patio tendrá una longitud de 5 pies. En los ejercicios 9a a 9d, elige Sí o No para mostrar cuál será la longitud del otro lado.

9a. 20 pies   ○ Sí   ○ No

9b. 15 pies   ○ Sí   ○ No

9c. 10 pies   ○ Sí   ○ No

9d.   8 pies   ○ Sí   ○ No

Hallar longitudes de lado desconocidas

Objetivo de aprendizaje Hallarás la longitud desconocida de un lado cuando conoces el perímetro de la figura.

Halla la longitud desconocida de los lados.

1. Perímetro = 33 centímetros

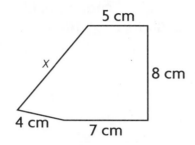

$$5 + 8 + 7 + 4 + x = 33$$
$$24 + x = 33$$
$$x = 9$$

$x =$ ____9____ centímetros

2. Perímetro = 92 pulgadas

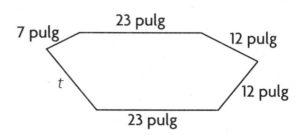

$t =$ _____ pulgadas

Resolución de problemas

3. Steven tiene un tapete rectangular con un perímetro de 16 pies. El ancho del tapete es 5 pies. ¿Cuál es la longitud del tapete?

_____

4. Kerstin tiene una ficha cuadrada. El perímetro de la ficha es 32 pulgadas. ¿Cuál es la longitud de cada lado de la ficha?

_____

5. ESCRIBE ▸*Matemáticas* Explica cómo se escribe y se resuelve una ecuación para hallar la longitud desconocida de un rectángulo, cuando se conoce el perímetro.

_____

_____

_____

Repaso de la lección

1. Jesse coloca una cinta alrededor de un marco cuadrado. Usa 24 pulgadas de cinta. ¿Qué longitud tiene cada lado del marco?

_____

2. Davia dibuja una figura con 5 lados. Dos lados miden 5 pulgadas de longitud cada uno. Otros dos lados miden 4 pulgadas de longitud cada uno. El perímetro de la figura es 27 pulgadas. ¿Cuál es la longitud del quinto lado?

_____

Repaso en espiral

3. ¿Qué multiplicación representa $7 + 7 + 7 + 7$?

_____

4. Bob compró 3 paquetes de carros de juguete. Le dio 4 carros a Ann. A Bob le quedan 11 carros. ¿Cuántos carros de juguete había en cada paquete?

_____

5. Randy leyó un libro a la tarde. Miró su reloj cuando comenzó y cuando terminó de leer. ¿Cuánto tiempo leyó Randy?

Comienzo   **Fin**

_____

6. ¿Qué fracción y qué número entero representa el modelo?

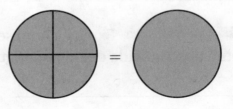

_____ = _____

PRACTICA MÁS CON EL
Entrenador personal
en matemáticas

Comprender el área

Pregunta esencial ¿En qué se diferencia hallar el área de una figura de hallar el perímetro de una figura?

Objetivo de aprendizaje Usarás papel punteado para hallar el área de una figura, al contar el número de cuadrados de una unidad que hay dentro de la figura y decidirás cuándo hallar el perímetro o el área para una situación.

🔑 Soluciona el problema

RELACIONA Has aprendido que el perímetro es la distancia del contorno de una figura. El perímetro se mide en unidades lineales, o unidades que se usan para medir la distancia que hay entre dos puntos.

El **área** es la medida de la cantidad de cuadrados de una unidad que se necesitan para cubrir una superficie plana. Un **cuadrado de una unidad** es un cuadrado con una longitud de lado de 1 unidad. Tiene un área de 1 **unidad cuadrada (unid cuad)**.

Cuadrado de una unidad

1 unidad

1 unidad   1 unidad

1 unidad

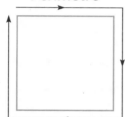

Perímetro

1 unidad + 1 unidad + 1 unidad
+ 1 unidad = 4 unidades

Área

1 unidad
cuadrada

Idea matemática

Para hallar el perímetro de una figura, puedes contar el número de unidades que hay en cada lado de la figura. Para hallar el área de una figura en unidades cuadradas, puedes contar el número de cuadrados de una unidad que hay dentro de la figura.

🔒 Actividad   Materiales ■ geotabla ■ elásticos   Manos a la obra

A Usa tu geotabla para crear una figura de 2 cuadrados de una unidad. Dibuja la figura en el siguiente papel punteado.

```
· · · · · ·
· · · · · ·
· · · · · ·
· · · · · ·
· · · · · ·
```

¿Cuál es el área de la figura?

Área = _____ unidades cuadradas

B Modifica el elástico y forma una figura de 3 cuadrados de una unidad. Dibuja la figura en el siguiente papel punteado.

```
· · · · · ·
· · · · · ·
· · · · · ·
· · · · · ·
· · · · · ·
```

¿Cuál es el área de la figura?

Área = _____ unidades cuadradas

Charla matemática   PRÁCTICAS Y PROCESOS MATEMÁTICOS ③

Compara representaciones En el Ejercicio B, ¿se veía tu figura como la figura de tus compañeros?

¡Inténtalo! Dibuja tres figuras diferentes que estén formadas por 4 cuadrados de una unidad. Halla el área de la figura.

Figura 1

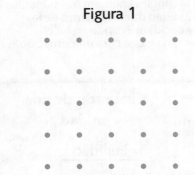

Área = _____ unidades
cuadradas

Figura 2

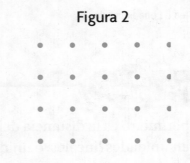

Área = _____ unidades
cuadradas

Figura 3

Área = _____ unidades
cuadradas

• ¿En qué se parecen las figuras? ¿En qué se diferencian?

Comparte y muestra MATH BOARD

1. Sombrea cada cuadrado de una unidad en la figura que se muestra. Cuenta los cuadrados de una unidad para hallar el área.

   Área = _____ unidades cuadradas

Cuenta para hallar el área de la figura.

2.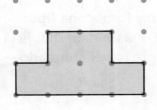

Área = _____ unidades
cuadradas

3.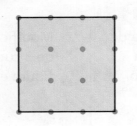

Área = _____ unidades
cuadradas

4.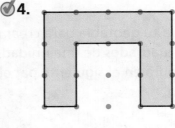

Área = _____ unidades
cuadradas

Escribe *área* o *perímetro* para cada situación.

5. comprar un tapete para un cuarto

_____

6. colocar un cerco alrededor de un jardín

_____

Charla matemática PRÁCTICAS Y PROCESOS MATEMÁTICOS 8

Generaliza ¿En qué otras situaciones necesitas hallar el área?

Nombre _____

Cuenta para hallar el área de la figura.

7.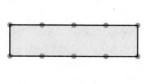

Área = _____ unidades
      cuadradas

8.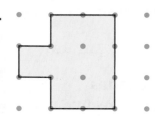

Área = _____ unidades
      cuadradas

9.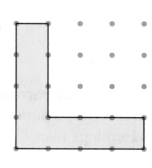

Área = _____ unidades
      cuadradas

10.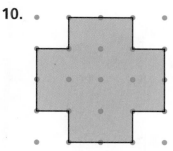

Área = _____ unidades
      cuadradas

11.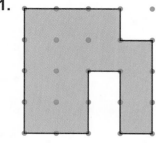

Área = _____ unidades
      cuadradas

12.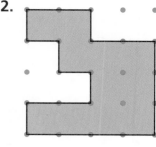

Área = _____ unidades
      cuadradas

Escribe *área* o *perímetro* para cada situación

13. pintar una pared

_____

14. cubrir un patio con baldosas

_____

15. colocar un borde de papel tapiz
alrededor de un cuarto

_____

16. pegar cinta alrededor de un portarretratos

_____

17. *MÁS AL DETALLE*   La madre de Nicole colocó baldosas en una
sección del piso de su cocina. La sección incluía 5 hileras con
4 baldosas en cada hilera. Cada baldosa costó $2. ¿Cuánto
dinero gastó la madre de Nicole en las baldosas?

_____

Resolución de problemas • Aplicaciones En el mundo

Juan construye un recinto para su perrito, Eli. Usa el diagrama para resolver los Problemas 18 y 19.

Recinto para Eli

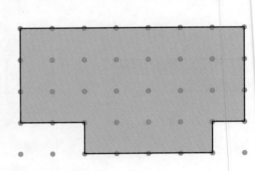

18. Juan colocará una cerca alrededor de la parte exterior del recinto. ¿Cuánta cerca necesitará?

_____

19. PRÁCTICAS Y PROCESOS MATEMÁTICOS ⑤ **Usa herramientas adecuadas**
Juan usará tepe para cubrir el suelo del recinto. ¿Cuánto tepe necesitará?

_____

20. PIENSA MÁS Dibuja dos figuras diferentes cuya área sea 10 unidades cuadradas.

21. PIENSA MÁS ¿Cuál es el perímetro y el área de esta figura? Explica cómo hallaste la respuesta.

Perímetro _____ unidades

Área _____ unidades cuadradas

_____

_____

_____

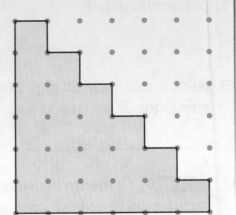

Nombre _____

Comprender el área

Objetivo de aprendizaje Usarás papel punteado para hallar el área de una figura, al contar el número de cuadrados de una unidad que hay dentro de la figura y decidirás cuándo hallar el perímetro o el área para una situación.

Cuenta para hallar el área de la figura.

1.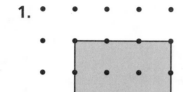

Área = __6__ unidades
cuadradas

2.

Área = _____ unidades
cuadradas

3.

Área = _____ unidades
cuadradas

Escribe *área* o *perímetro* para cada situación.

4. alfombrar un piso

5. cercar un jardín

_____   _____

Resolución de problemas

Usa el diagrama para resolver los problemas 6 y 7.

6. Roberto construye una plataforma para su ferrocarril de juguete. ¿Cuál es el área de la plataforma?

_____

7. Roberto colocará una cerca alrededor de los bordes de la plataforma. ¿Qué cantidad de cerca necesitará?

_____

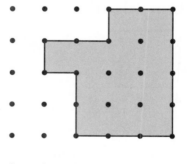

8. **ESCRIBE** ▸*Matemáticas* Dibuja un rectángulo con papel punteado. Calcula el área y explica cómo hallaste la respuesta.

_____

Repaso de la lección

1. Josh usó elásticos para hacer la siguiente figura en su geotabla.
   ¿Cuál es el área de la figura?

   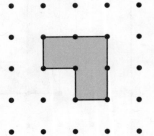

   _____

2. Wilma dibujó la siguiente figura en papel punteado. ¿Cuál es el área de la figura que dibujó?

   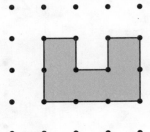

   _____

Repaso en espiral

3. Leonardo sabe que faltan 42 días para las vacaciones de verano. ¿Cuántas semanas faltan para las vacaciones de verano de Leonardo? (Pista: En una semana hay 7 días).

   _____

4. Nan corta un sándwich italiano en 4 partes iguales y se come una. ¿Qué fracción representa la parte que se comió Nan?

   _____

5. Wanda está desayunando 15 minutos antes de las 8. ¿Qué hora es entonces? Usa a. m. o p. m.

   _____

6. Dick tiene 2 bolsas de comida para perros. Cada bolsa contiene 5 kilogramos de comida. ¿Cuántos kilogramos de comida tiene Dick en total?

   _____

PRACTICA MÁS CON EL
Entrenador personal
en matemáticas

Nombre _____

Medir el área

Pregunta esencial ¿Cómo puedes hallar el área de una figura plana?

Objetivo de aprendizaje Usarás fichas cuadradas para medir y luego contar cuadrados de una unidad para hallar el área de una figura.

🔑 Soluciona el problema

Jaime mide el área de los siguientes rectángulos con fichas cuadradas de 1 pulgada.

Actividad 1 Materiales ■ papel cuadriculado de 1 pulgada ■ tijeras

Recorta ocho cuadrados de 1 pulgada. Usa las líneas punteadas como guía para colocar las fichas cuadradas y resolver los ejercicios A a C.

A Coloca 4 fichas cuadradas sobre el Rectángulo A.

• ¿Hay espacios? _____

• ¿Hay superposiciones? _____

• Jaime dice que el área mide 4 pulgadas cuadradas. ¿Es correcta la medición de Jaime? _____

Entonces, cuando mides el área, no puede haber huecos, o espacios, entre las fichas.

B Coloca 8 fichas cuadradas sobre el Rectángulo B.

• ¿Hay espacios? _____

• ¿Hay superposiciones? _____

• Jaime dice que el área mide 8 pulgadas cuadradas. ¿Es correcta la medición de Jaime? _____

Entonces, cuando mides el área, las fichas no pueden superponerse.

C Coloca 6 fichas cuadradas sobre el Rectángulo C.

• ¿Hay espacios? _____

• ¿Hay superposiciones? _____

• Jaime dice que el área mide 6 pulgadas cuadradas. ¿Es correcta la medición de Jaime? _____

Entonces, el área del rectángulo mide

_____ pulgadas cuadradas.

1 pulgada cuadrada

Rectángulo A

Rectángulo B

Rectángulo C

Actividad 2 **Materiales** ■ papel verde y azul ■ tijeras

Para evitar errores

Asegúrate de que no haya espacios ni superposiciones cuando uses fichas cuadradas para hallar el área.

PASO 1 Estima el número de fichas cuadradas azules que necesitarás para cubrir la figura gris.

_____ fichas cuadradas azules

PASO 2 Estima el número de fichas cuadradas verdes que necesitarás para cubrir la figura gris.

_____ fichas cuadradas verdes

PASO 3 Dibuja el patrón del cuadrado azul diez veces y recorta los cuadrados.

PASO 4 Dibuja el patrón del cuadrado verde treinta y seis veces, y recorta los cuadrados.

PASO 5 Cubre la figura gris con las fichas cuadradas azules. Cuenta y escribe el número de fichas cuadradas azules que usaste. Anota el área de la figura.

_____ fichas cuadradas azules

Área = _____ unidades cuadradas azules

PASO 6 Cubre la figura gris con las fichas cuadradas verdes. Cuenta y escribe el número de fichas cuadradas verdes que usaste. Anota el área de la figura.

_____ fichas cuadradas verdes

Área = _____ unidades cuadradas verdes

Charla matemática

PRÁCTICAS Y PROCESOS MATEMÁTICOS ⑦

Identifica las relaciones Explica por qué el número de fichas cuadradas verdes que se necesitan para cubrir la figura es diferente al número de fichas cuadradas azules que se necesitan para cubrirla.

¡Inténtalo! **Cuenta para hallar el área de la figura.**

es 1 centímetro cuadrado.

Hay _____ cuadrados de una unidad en la figura.

Entonces, el área mide _____ centímetros cuadrados.

Nombre _____

1. Cuenta para hallar el área de la figura. Cada
cuadrado de una unidad es 1 centímetro cuadrado.

Piensa: ¿Hay espacios? ¿Hay superposiciones?

Hay _____ cuadrados de una unidad en la figura.

Entonces, el área mide _____ centímetros cuadrados.

**Cuenta para hallar el área de la figura. Cada
cuadrado de una unidad es 1 centímetro cuadrado.**

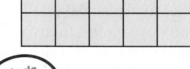

Charla matemática

PRÁCTICAS Y PROCESOS MATEMÁTICOS 2

Usa el razonamiento ¿Cómo
puedes usar centímetros
cuadrados para hallar el
área de las figuras de los
Ejercicios 2 y 3?

2.

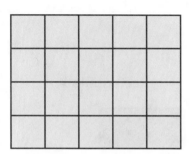

Área = _____ centímetros cuadrados

3.

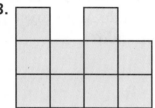

Área = _____ centímetros cuadrados

Por tu cuenta

**Cuenta para hallar el área de la figura.
Cada cuadrado de una unidad es 1 pulgada cuadrada.**

4.

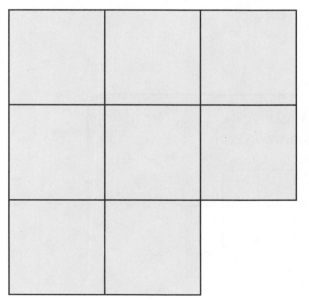

Área = _____ pulgadas cuadradas

5.

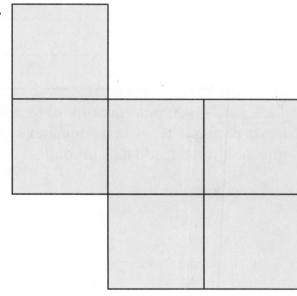

Área = _____ pulgadas cuadradas

Resolución de problemas • Aplicaciones

6. **PRÁCTICAS Y PROCESOS MATEMÁTICOS ④** **Usa un diagrama** Danny coloca baldosas en el piso del vestíbulo de una oficina. Cada baldosa mide 1 metro cuadrado. En el diagrama se muestra el vestíbulo. ¿Cuál es el área del vestíbulo?

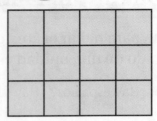

_____

7. **MÁS AL DETALLE** Angie pinta un mural de un trasbordador espacial en una pared. Cada sección mide un pie cuadrado. El diagrama muestra el mural sin terminar. ¿Cuántos pies cuadrados más ha pintado Angie en su mural que los que NO ha pintado?

_____

Rectángulo A

8. **PIENSA MÁS** Estás midiendo el área de la parte de arriba de una mesa con cuadrados de una unidad azules y verdes. ¿Qué unidad cuadrada te dará un área de más unidades cuadradas? **Explícalo.**

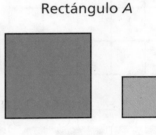

_____

_____

_____

_____

9. **PIENSA MÁS** ¿Cuántos cuadrados se deben agregar a esta figura para que tenga la misma área que un cuadrado con una longitud de lado de 5 unidades?

_____ cuadrados

Nombre _____

Medir el área

Objetivo de aprendizaje Usarás fichas cuadradas para medir y luego contar cuadrados de una unidad para hallar el área de una figura.

Cuenta para hallar el área de la figura. Cada cuadrado de una unidad es 1 centímetro cuadrado.

1.

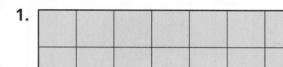

Área = ___14___ centímetros cuadrados

2.

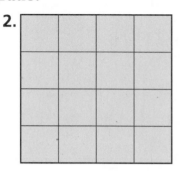

Área = _____ centímetros cuadrados

3.

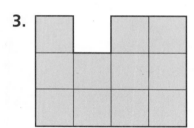

Área = _____ centímetros cuadrados

4.

Área = _____ centímetros cuadrados

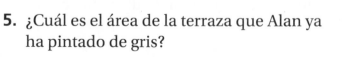

Resolución de problemas (En el mundo)

Terraza de Alan

Alan pinta de gris la terraza. Usa el diagrama de la derecha para resolver el Problema 5. Cada cuadrado de una unidad es 1 metro cuadrado.

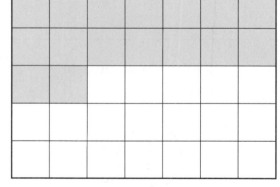

5. ¿Cuál es el área de la terraza que Alan ya ha pintado de gris?

_____

6. **ESCRIBE** ▸ *Matemáticas* Explica cómo se halla el área de una figura con fichas cuadradas.

_____

_____

Repaso de la lección

Cada cuadrado de una unidad del diagrama es 1 pie cuadrado.

1. ¿Cuántos pies cuadrados están sombreados?

_____

2. ¿Cuál es el área que NO ha sido sombreada?

_____

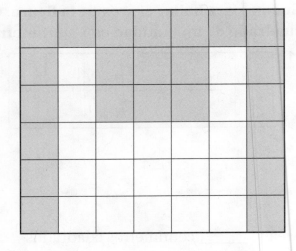

Repaso en espiral

3. Sonya compró 6 paquetes de panes. Hay 6 panes en cada paquete. ¿Cuántos panes compró Sonya?

_____

4. Charlie mezcló 6 litros de jugo con 2 litros de soda para hacer refresco de frutas. ¿Cuántos litros de refresco de frutas hizo Charlie?

_____

5. ¿Qué fracción del círculo está sombreada?

6. Usa el modelo de la derecha para indicar una fracción equivalente a $\frac{1}{2}$.

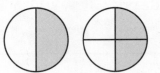

_____

PRACTICA MÁS CON EL
Entrenador personal en matemáticas

Nombre _____

Usar modelos de área

Pregunta esencial ¿Por qué puedes multiplicar para hallar el área de un rectángulo?

Objetivo de aprendizaje Hallarás el área de un rectángulo con longitudes de lado en números enteros al representarlos con cuadrados de una unidad y al multiplicar las longitudes de los lados.

🔑 Soluciona el problema

Cristina tiene un jardín con la forma del rectángulo de abajo. Cada cuadrado de una unidad representa 1 metro cuadrado. ¿Cuál es el área del jardín?

• Encierra en un círculo la forma del jardín.

🔑 De una manera Cuenta cuadrados de una unidad.

Cuenta el número de cuadrados de una unidad que hay en total.

Hay _____ cuadrados de una unidad.

Entonces, el área mide _____ metros cuadrados.

🔑 De otras maneras

Ⓐ Usa la suma repetida.

Cuenta el número de hileras. Cuenta el número de cuadrados de una unidad que hay en cada hilera.

_____ cuadrados de una unidad

_____ cuadrados de una unidad

_____ cuadrados de una unidad

_____ hileras de _____ = ▨

Escribe una ecuación de suma.

_____ + _____ + _____ = _____

Entonces, el área mide _____ metros cuadrados.

Ⓑ Usa la multiplicación.

Cuenta el número de hileras. Cuenta el número de cuadrados de una unidad que hay en cada hilera.

_____ hileras de _____ = ▨

Esta figura es como una matriz. ¿Cómo hallas el número total de cuadrados de una matriz?

_____ cuadrados de una unidad en cada hilera

_____ hileras

_____

Escribe una ecuación de multiplicación.

_____ ✕ _____ = _____

Entonces, el área mide _____ metros cuadrados.

Charla matemática

PRÁCTICAS Y PROCESOS MATEMÁTICOS ①

Analiza ¿Se pueden usar todos los 3 métodos que se mencionan para hallar el área de todas las figuras?

¡Inténtalo!

Halla el área de la figura.
Cada cuadrado de una unidad es
1 pie cuadrado.

Piensa: Hay 4 hileras de 10 cuadrados de una unidad.

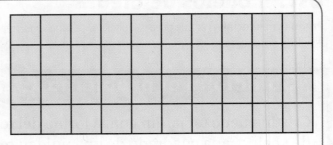

_____ × _____ = _____

Entonces, el área mide _____ pies cuadrados.

Comparte y muestra

1. Observa la figura.

_____ hileras de _____ = ▪

Suma. _____ + _____ + _____ = _____

Multiplica. _____ × _____ = _____

¿Cuál es el área de la figura?

_____ unidades cuadradas

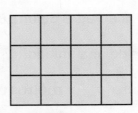

Charla matemática

PRÁCTICAS Y PROCESOS MATEMÁTICOS **6**

Compara ¿Qué método prefieres usar?

Halla el área de la figura.
Cada cuadrado de una unidad es 1 pie cuadrado.

2.

_____

3.

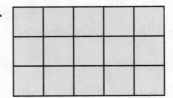

_____

Halla el área de la figura.
Cada cuadrado de una unidad es 1 metro cuadrado.

4.

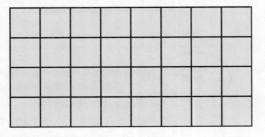

_____

5.

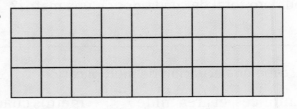

_____

Nombre _____

Halla el área de la figura.
Cada cuadrado de una unidad es 1 pie cuadrado.

6.

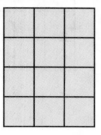

_____

7.

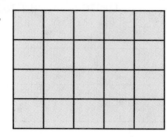

_____

Halla el área de la figura.
Cada cuadrado de una unidad es 1 metro cuadrado.

8.

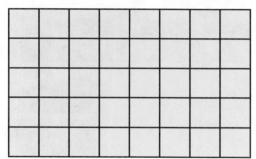

_____

9.

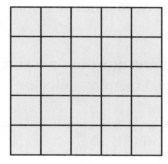

_____

10. PRÁCTICAS Y PROCESOS MATEMÁTICOS **4** **Usa diagramas** Dibuja y sombrea tres rectángulos que tengan un área de 24 unidades cuadradas. Luego escribe una ecuación de suma o de multiplicación para cada uno.

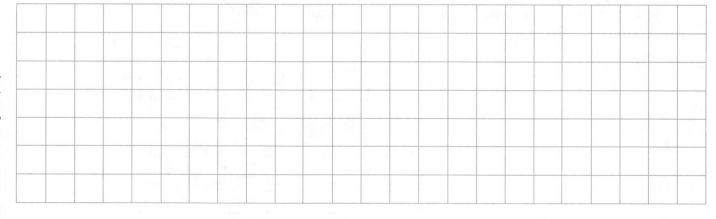

_____

_____

Resolución de problemas · Aplicaciones

11. **MÁS AL DETALLE** Compara las áreas de los dos tapetes de la derecha. Cada cuadrado de una unidad representa 1 pie cuadrado. ¿Qué tapete tiene el área más grande? Explícalo.

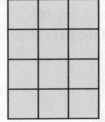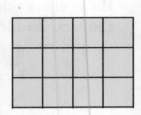

_____

_____

_____

12. **PIENSA MÁS** Una compañía de baldosas cubrió una pared con baldosas cuadradas. En el centro de la pared, hay un mural pintado. En la ilustración se muestra el diseño. El área de cada baldosa mide 1 pie cuadrado.

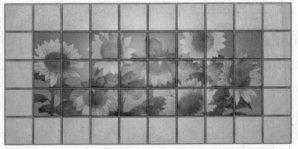

Escribe un problema que pueda resolverse con la ilustración. Luego resuélvelo.

_____

_____

_____

_____

13. **PIENSA MÁS** Colleen dibujó este rectángulo. Elige la ecuación que se pueda usar para hallar el área del rectángulo. Marca todas las respuestas que correspondan.

Ⓐ $9 \times 6 = n$

Ⓑ $9 + 9 + 9 + 9 + 9 + 9 = n$

Ⓒ $9 + 6 = n$

Ⓓ $6 \times 9 = n$

Ⓔ $6 + 6 + 6 + 6 + 6 + 6 = n$

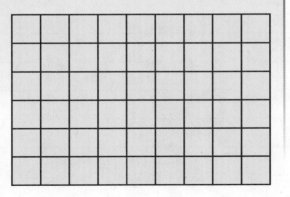

Usar modelos de área

Objetivo de aprendizaje Hallarás el área de un rectángulo con longitudes de lado en números enteros al representarlos con cuadrados de una unidad y al multiplicar las longitudes de los lados.

Halla el área de cada figura. Cada cuadrado de una unidad es 1 pie cuadrado.

1.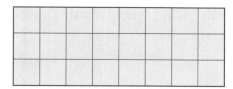

2.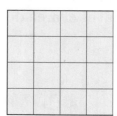

Hay 3 hileras de 8 cuadrados de una unidad.
$3 \times 8 = 24$

_____ 24 pies cuadrados

_____

Halla el área de cada figura. Cada cuadrado de una unidad es 1 metro cuadrado.

3.

4.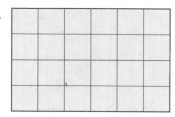

5.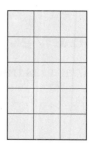

_____

_____

_____

Resolución de problemas *En el mundo*

6. Landon hizo un tapete para el corredor. Cada cuadrado de una unidad es 1 pie cuadrado. ¿Cuál es el área del tapete?

7. Eva hizo un borde para la parte superior de un portarretratos. Cada cuadrado de una unidad es 1 pulgada cuadrada. ¿Cuál es el área del borde?

_____

_____

8. **ESCRIBE** *Matemáticas* Describe cada uno de los 3 métodos que se pueden usar para hallar el área de un rectángulo.

_____

Repaso de la lección

1. La entrada de una oficina tiene piso de baldosas. Cada baldosa mide 1 metro cuadrado. ¿Cuál es el área del piso?

_____

2. La Sra. Burns compró un nuevo tapete. Cada cuadrado de una unidad es 1 pie cuadrado. ¿Cuál es el área del tapete?

_____

Repaso en espiral

3. Compara las fracciones. Escribe <, > o =.

$$\frac{1}{3} \bigcirc \frac{2}{3}$$

4. Claire compró 6 paquetes de tarjetas de béisbol. Cada paquete tiene el mismo número de tarjetas. Si Claire compró 48 tarjetas de béisbol en total, ¿cuántas tarjetas hay en cada paquete?

_____

5. Austin salió hacia la escuela a las 7:35 a. m. Llegó a la escuela 15 minutos después. ¿A qué hora llegó Austin a la escuela?

_____

6. La recámara de Wyatt es un rectángulo con un perímetro de 40 pies. El ancho de la recámara es 8 pies. ¿Cuál es la longitud de la recámara?

_____

PRACTICA MÁS CON EL
Entrenador personal en matemáticas

Nombre _____

 Revisión de la mitad del capítulo

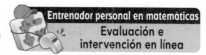
Entrenador personal en matemáticas
Evaluación e
intervención en línea

Vocabulario

Elige el término del recuadro que mejor corresponda.

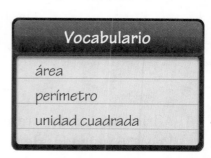

Vocabulario
área
perímetro
unidad cuadrada

1. La distancia del contorno de una figura es el _____.
   (pág. 625)

2. La medida de la cantidad de cuadrados de una unidad que se necesitan para cubrir una figura sin espacios

   ni superposiciones es el _____. (pág. 643)

Conceptos y destrezas

Halla el perímetro de la figura. Cada unidad es 1 centímetro.

3.

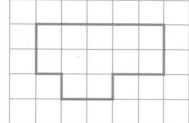

_____ centímetros

4.

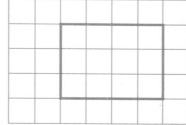

_____ centímetros

Halla la longitud desconocida de los lados.

5. Perímetro = 33 centímetros

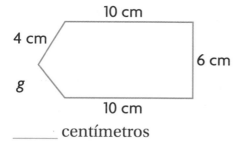

10 cm
4 cm
6 cm
g
10 cm

_____ centímetros

6. Perímetro = 32 pies

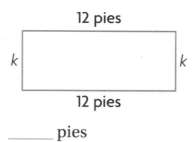

12 pies
k   k
12 pies

_____ pies

Halla el área de la figura. Cada cuadrado de una unidad es 1 metro cuadrado.

7.

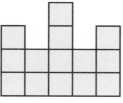

_____ metros cuadrados

8.

_____ metros cuadrados

Capítulo 11   661

9. Ramona está haciendo una tapa para su joyero rectangular. Los lados del joyero miden 6 centímetros y 4 centímetros de longitud. ¿Cuál es el área de la tapa que está haciendo?

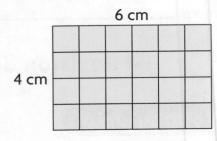

_____

10. Adrienne está decorando un portarretratos cuadrado. Pegó 36 pulgadas de cinta alrededor del borde. ¿Cuál es la longitud de cada lado del portarretratos?

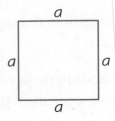

_____

11. Margo barrerá una recámara. El diagrama del piso que debe barrer se muestra a la derecha. ¿Cuál es el área del piso?

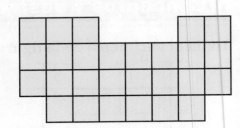

_____

12. Jeff está haciendo un cartel para el lavadero de carros del Club de Campamentos. ¿Cuál es el perímetro del cartel?

_____

13. **MÁS AL DETALLE** Un rectángulo tiene dos lados de 8 pulgadas de longitud y dos lados de 10 pulgadas de longitud. ¿Cuál es el perímetro del rectángulo?

_____

662

Resolución de problemas • El área de un rectángulo

Pregunta esencial ¿Cómo puedes usar la estrategia de *buscar un patrón* para resolver problemas de área?

Objetivo de aprendizaje Usarás la estrategia *buscar un patrón* para resolver problemas de área, al anotar datos de medición en una tabla y al buscar cambios en los patrones de las relaciones.

🔑 Soluciona el problema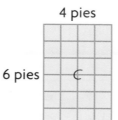

El Sr. Koi quiere construir depósitos y dibujó planos para hacerlos. Quiere saber cómo se relacionan las áreas de los depósitos. ¿Cómo cambia el área del Depósito A al Depósito B? ¿Cómo cambia el área del Depósito C al Depósito D?

Usa el organizador gráfico como ayuda para resolver el problema.

4 pies — 8 pies
3 pies | A | B | 3 pies

4 pies — 8 pies
6 pies | C | D | 6 pies

Lee el problema

¿Qué debo hallar?

Debo hallar cómo cambiará el área de

A a *B* y de _____ a _____.

¿Qué información debo usar?

Debo usar la _____

y el _____ de cada

depósito para hallar

su área.

¿Cómo usaré la información?

Anotaré las áreas en una tabla. Luego buscaré un patrón para ver cómo

cambiarán las _____.

Resuelve el problema

Completaré la tabla y buscaré patrones para resolver el problema.

	Longitud	Ancho	Área		Longitud	Ancho	Área
Depósito *A*	3 pies			Depósito *C*		4 pies	
Depósito *B*	3 pies			Depósito *D*		8 pies	

Observo que la longitud será igual y el ancho se duplicará. El área cambiará de

_____ a _____ y de _____ a _____. Entonces, cuando

la longitud es igual y el ancho se duplica, el área _____.

🔒 Haz otro problema

El Sr. Koi quiere construir más depósitos. Quiere saber cómo se relacionan las áreas de los depósitos. ¿Cómo cambia el área del Depósito E al Depósito F? ¿Cómo cambia el área del Depósito G al Depósito H?

Usa el organizador gráfico como ayuda para resolver el problema.

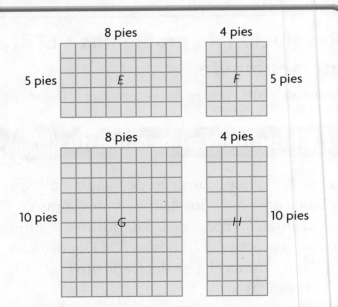

Lee el problema

¿Qué debo hallar?	¿Qué información debo usar?	¿Cómo usaré la información?

Resuelve el problema

	Longitud	Ancho	Área		Longitud	Ancho	Área
Depósito E				Depósito G			
Depósito F				Depósito H			

• ¿Cómo te ayudó la tabla a hallar un patrón?

_____

_____

_____

Charla matemática — PRÁCTICAS Y PROCESOS MATEMÁTICOS ❷

Razona de forma abstracta ¿Qué pasaría si la longitud de ambos lados se duplicara? ¿Cómo cambiaría el área?

Comparte y muestra

Usa la tabla para resolver los Problemas 1 y 2.

1. Muchas piscinas tienen forma rectangular. ¿Cómo cambia el área de las piscinas cuando se cambia el ancho?

   Primero, halla el área de cada piscina para completar la tabla.

   Piensa: Puedo multiplicar la longitud por el ancho para hallar el área.

   Luego, busca un patrón de cómo cambia la longitud y de cómo cambia el ancho.

   La _____ queda igual. El ancho

   _____.

   Por último, describe un patrón de cómo cambia el área.

   El área _____ en _____ pies cuadrados.

Tamaños de piscinas			
Piscina	Longitud (en pies)	Ancho (en pies)	Área (en pies cuadrados)
A	8	20	
B	8	30	
C	8	40	
D	8	50	

2. ¿Qué pasaría si la longitud de cada piscina fuera de 16 pies? Explica cómo cambiaría el área.

   _____

Por tu cuenta

3. **PRÁCTICAS Y PROCESOS MATEMÁTICOS ⑦ Busca el patrón** Si la longitud de cada piscina de la tabla es de 20 pies, y el ancho cambia de 5 a 6, a 7 y a 8 pies, describe el patrón de las áreas.

   _____

   _____

4. **PRÁCTICAS Y PROCESOS MATEMÁTICOS ①** **Analiza relaciones** Jacob tiene un jardín rectangular con un área de 56 metros cuadrados. La longitud del jardín es 8 pies. ¿Cuál es el ancho del jardín?

_____

5. **MÁS AL DETALLE** A la derecha se muestra un diagrama de la recámara de Paula. Su recámara tiene forma de rectángulo. Escribe las medidas para los otros lados. ¿Cuál es el perímetro de la recámara? (Pista: Los dos pares de lados opuestos tienen la misma longitud).

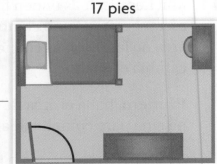

17 pies

12 pi

_____

6. **PIENSA MÁS** Elizabeth construyó una caja con arena que tiene 4 pies de longitud y 4 pies de ancho. También construyó un jardín de flores que tiene 4 pies de longitud y 6 pies de ancho y una huerta que tiene 4 pies de longitud y 8 pies de ancho. ¿Cómo cambian las áreas?

_____

_____

_____

7. **PIENSA MÁS** Halla el patrón y completa la tabla.

Área total (en pies cuadrados)	50	60	70	80	
Longitud (en pies)	10	10		10	
Ancho (en pies)	5	6	7		

¿Cómo puedes usar la tabla para hallar la longitud y el ancho de una figura con un área de 100 pies cuadrados?

_____

_____

Nombre _____

Resolución de problemas • El área de un rectángulo

Objetivo de aprendizaje Usarás la estrategia *buscar un patrón* para resolver problemas de área, al anotar datos de medición en una tabla y al buscar cambios en los patrones de las relaciones.

Usa la información para resolver los Ejercicios 1 a 3.

Un artista hizo murales rectangulares de diferentes tamaños. A continuación se muestran los tamaños. Cada cuadrado de una unidad es 1 metro cuadrado.

  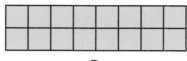

A   **B**   **C**   **D**

1. Completa la tabla para hallar el área de cada mural.

Mural	Longitud (en metros)	Ancho (en metros)	Área (en metros cuadrados)
A	2	1	2
B	2	2	4
C	2		
D	2		

2. Halla y describe un patrón de cómo cambian la longitud y el ancho de los murales A hasta D.

_____

_____

3. ¿Cómo cambia el área de los murales cuando cambia el ancho?

_____

4. **ESCRIBE** ▸*Matemáticas* Escribe y resuelve un problema de área que demuestre el uso de la estrategia *busca un patrón*.

_____

_____

Repaso de la lección

1. Lauren dibujó los siguientes diseños. Cada cuadrado de una unidad es 1 centímetro cuadrado. Si el patrón continúa, ¿cuál será el área de la cuarta figura?

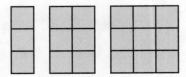

_____

_____

2. Henry construyó un jardín que mide 3 pies de ancho y 3 pies de longitud. También construyó un jardín que mide 3 pies de ancho y 6 pies de longitud, y otro jardín que mide 3 pies de ancho y 9 pies de longitud. ¿Cómo cambian las áreas?

_____

_____

Repaso en espiral

3. Joe, Jim y Jack se reparten 27 tarjetas de fútbol americano en partes iguales. ¿Cuántas tarjetas recibe cada niño?

_____

4. Nita usa $\frac{1}{3}$ de un cartón de 12 huevos. ¿Cuántos huevos usa?

_____

5. Brenda hizo 8 collares. Cada collar tiene 10 cuentas grandes. ¿Cuántas cuentas grandes usó Brenda para hacer los collares?

_____

6. Neal coloca baldosas en el piso de la cocina. Cada baldosa mide 1 pie cuadrado. Neal coloca 6 hileras con 9 baldosas en cada una. ¿Cuál es el área del piso?

_____

PRACTICA MÁS CON EL
Entrenador personal en matemáticas

Name _____

El área de rectángulos combinados

Pregunta esencial ¿Cómo puedes separar una figura para hallar el área?

Lección 11.8

Objetivo de aprendizaje Usarás la propiedad distributiva o una estrategia de separar para hallar el área de rectángulos combinados, al sumar el área de rectángulos más pequeños para hallar el área total.

Soluciona el problema

Los lados del tapete de Anna miden 4 pies y 9 pies. ¿Cuál es el área del tapete de Anna?

Recuerda

Puedes usar la propiedad distributiva para separar una matriz.

$3 \times 3 = 3 \times (2 + 1)$

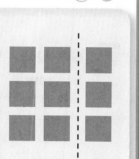

Actividad **Materiales** ■ fichas cuadradas

PASO 1 Usa fichas cuadradas para representar 4×9.

PASO 2 Dibuja un rectángulo en el papel cuadriculado para mostrar tu modelo.

PASO 3 Dibuja una recta vertical para separar el modelo y hacer dos rectángulos más pequeños.

La longitud del lado de 9 unidades se divide en _____ unidades

más _____.

PASO 4 Halla el área de cada uno de los dos rectángulos más pequeños.

Rectángulo 1: _____ × _____ = _____

Rectángulo 2: _____ × _____ = _____

PASO 5 Suma los productos para hallar el área total.

_____ + _____ = _____ pies cuadrados

PASO 6 Para comprobar tu resultado, cuenta el número de pies cuadrados.

_____ pies cuadrados

Entonces, el área del tapete de Anna es_____ pies cuadrados.

Charla matemática PRÁCTICAS Y PROCESOS MATEMÁTICOS ⑥

Compara ¿Dibujaste la recta en el mismo lugar que tus compañeros? Explica por qué el área total que hallaron es igual.

© Houghton Mifflin Harcourt Publishing Company • Image Credits: (cr) ©Sdbphoto carpets/Alamy Images

Capítulo 11   669

RELACIONA Descubriste que puedes usar la propiedad distributiva para separar un rectángulo en rectángulos más pequeños y sumar el área de cada rectángulo más pequeño para hallar el área total.

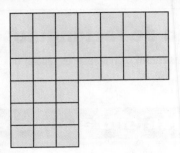

¿Cómo puedes separar esta figura en rectángulos para hallar su área?

🔑 De una manera Usa una recta horizontal.

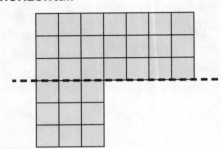

PASO 1 Escribe una ecuación de multiplicación para cada rectángulo.

Rectángulo 1: ____ × ____ = ____

Rectángulo 2: ____ × ____ = ____

PASO 2 Suma los productos para hallar el área total.

____ + ____ = ____ unidades cuadradas

Entonces, el área total es _____ unidades cuadradas.

🔑 De otra manera Usa una recta vertical.

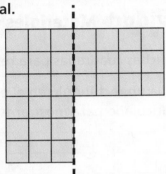

PASO 1 Escribe una ecuación de multiplicación para cada rectángulo.

Rectángulo 1: ____ × ____ = ____

Rectángulo 2: ____ × ____ = ____

PASO 2 Suma los productos para hallar el área total.

____ + ____ = ____ unidades cuadradas

Charla matemática PRÁCTICAS Y PROCESOS MATEMÁTICOS ①

Evalúa ¿Cómo puedes verificar tu resultado?

Comparte y muestra MATH BOARD

1. Dibuja una recta para separar la figura en rectángulos. Halla el área total de la figura.

Piensa: Puedo dibujar una recta vertical o una recta horizontal para separar la figura y hacer rectángulos.

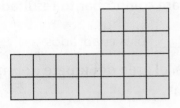

Rectángulo 1: ____ × ____ = ____

Rectángulo 2: ____ × ____ = ____

____ + ____ = ____ unidades cuadradas

© Houghton Mifflin Harcourt Publishing Company

Usa la propiedad distributiva para hallar el área.
Muestra tus ecuaciones de multiplicación y de suma.

✓ **2.**

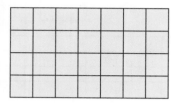

_____

_____ unidades cuadradas

✓ **3.**

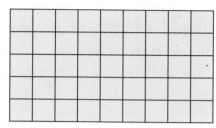

_____

_____ unidades cuadradas

Por tu cuenta

Usa la propiedad distributiva para hallar el área.
Muestra tus ecuaciones de multiplicación y de suma.

4.

_____

_____ unidades cuadradas

5.

_____

_____ unidades cuadradas

Dibuja una recta para separar la figura en rectángulos.
Halla el área de la figura.

6.

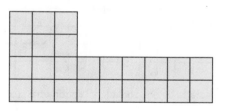

Rectángulo 1: ____ × ____ = ____

Rectángulo 2: ____ × ____ = ____

____ + ____ = ____ unidades cuadradas

7. MÁS AL DETALLE

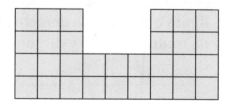

Rectángulo 1: ____ × ____ = ____

Rectángulo 2: ____ × ____ = ____

Rectángulo 3: ____ × ____ = ____

____ + ____ + ____ = ____ unidades
cuadradas

Resolución de problemas • Aplicaciones

8. **MÁS AL DETALLE**   A la derecha, se muestra el salón de clases de la maestra Lewis. Cada cuadrado de una unidad es 1 pie cuadrado. Dibuja una recta para separar la figura en rectángulos. ¿Cuál es el área total del salón de clases de la maestra Lewis?

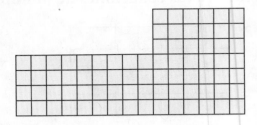

_____

9. David tiene una recámara rectangular con un armario rectangular. Cada cuadrado de una unidad es 1 pie cuadrado. Dibuja una recta para separar la figura en rectángulos. ¿Cuál es el área total de la recámara de David?

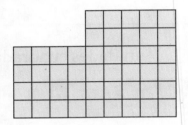

_____

10. **PIENSA MÁS**   **Explica** cómo separar la figura para hallar su área.

_____

_____

_____

_____

_____

 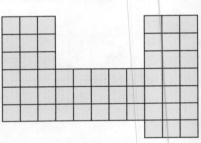

1 cuadrado de una unidad = 1 metro cuadr.

11. **PRÁCTICAS Y PROCESOS MATEMÁTICOS ④** **Interpreta un resultado** Usa la propiedad distributiva para hallar el área de la figura que está a la derecha. Escribe tus ecuaciones de multiplicación y de suma.

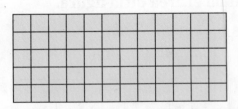

_____

1 cuadrado de una unidad = 1 centímetro cuadrado

Entrenador personal en matemáticas

12. **PIENSA MÁS ➕**   Peter hizo un diagrama de su jardín trasero en papel cuadriculado. Cada cuadrado de una unidad es 1 metro cuadrado. El área que rodea el patio es césped. ¿Cuánto más césped que baldosas tiene el patio? Muestra tu trabajo.

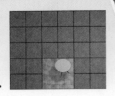

_____ metros cuadrados más

Nombre _____

El área de rectángulos combinados

Objetivo de aprendizaje Usarás la propiedad distributiva o una estrategia de separar para hallar el área de rectángulos combinados, al sumar el área de rectángulos más pequeños para hallar el área total.

Usa la propiedad distributiva para hallar el área. Muestra tus ecuaciones de multiplicación y de suma.

1.

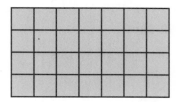

$4 \times 2 = 8; 4 \times 5 = 20$
_____

$8 + 20 = 28$
_____

___28___ unidades cuadradas

2.

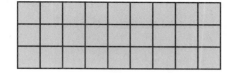

_____

_____

_____ unidades cuadradas

Dibuja una recta para separar la figura en rectángulos. Halla el área de la figura.

3.

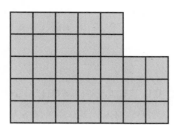

Rectángulo 1: _____ $\times$ _____ = _____

Rectángulo 2: _____ $\times$ _____ = _____

_____ + _____ = _____ unidades cuadradas

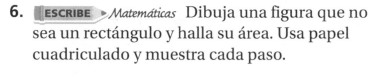

Resolución de problemas *En el mundo*

A la derecha se muestra el diagrama de la recámara de Frank. Cada cuadrado de una unidad es 1 pie cuadrado.

4. Dibuja una recta para dividir la figura de la recámara de Frank en rectángulos.

5. ¿Cuál es el área total de la recámara de Frank?

_____ pies cuadrados

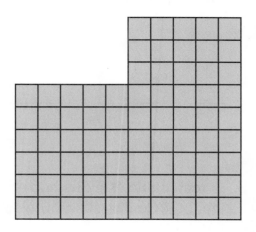

6. **ESCRIBE** *Matemáticas* Dibuja una figura que no sea un rectángulo y halla su área. Usa papel cuadriculado y muestra cada paso.

_____

_____

Repaso de la lección

1. En el diagrama se muestra el patio trasero de Ben. Cada cuadrado de una unidad es 1 yarda cuadrada. ¿Cuál es el área del patio trasero de Ben?

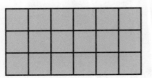

_____

2. En el diagrama se muestra una sala de una galería de arte. Cada cuadrado de una unidad es 1 metro cuadrado. ¿Cuál es el área de la sala?

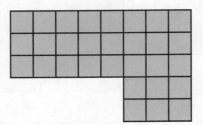

_____

Repaso en espiral

3. Naomi necesita resolver $28 \div 7 = \blacksquare$. ¿Qué operación de multiplicación relacionada puede usar para hallar el número desconocido?

_____

4. Karen trazó un triángulo con lados de 3 centímetros, 4 centímetros y 5 centímetros de longitud. ¿Cuál es el perímetro del triángulo?

_____

5. El rectángulo está dividido en partes iguales. ¿Cuál es el nombre de las partes iguales?

_____

6. Usa una regla en pulgadas. A la media pulgada más próxima, ¿qué longitud tiene este segmento?

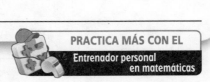

PRACTICA MÁS CON EL
Entrenador personal
en matemáticas

Nombre _____

El mismo perímetro, áreas diferentes

Pregunta esencial ¿Cómo puedes usar el área para comparar rectángulos que tienen el mismo perímetro?

Objetivo de aprendizaje Usarás fichas cuadradas y papel cuadriculado para identificar y dibujar rectángulos de igual perímetro y decir cuál rectángulo tiene un área mayor.

🔑 Soluciona el problema En el mundo

Toby tiene 12 pies de tablas de madera para colocar alrededor de una caja con arena rectangular. ¿De qué longitud debe hacer cada lado para que el área de la caja con arena sea lo más grande posible?

- ¿Cuál es el mayor perímetro que puede tener la caja con arena de Toby?

_____

🔑 Actividad **Materiales** ■ fichas cuadradas

Usa fichas cuadradas para hacer todos los rectángulos que puedas con un perímetro de 12 unidades. Dibuja y rotula los areneros. Luego halla el área de cada uno.

Caja con arena 1

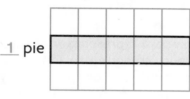

<u>1</u> pie

<u>5</u> pies

Caja con arena 2

___ pies

___ pies

Caja con arena 3

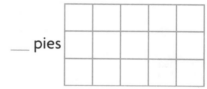

___ pies

___ pies

Halla el perímetro y el área de cada rectángulo.

	Perímetro	Área
Caja con arena 1	<u>5</u> + <u>1</u> + <u>5</u> + <u>1</u> = <u>12</u> pies	<u>1</u> × <u>5</u> = ___ pies cuadrados
Caja con arena 2	___ + ___ + ___ + ___ = ___ pies	___ × ___ = ___ pies cuadrados
Caja con arena 3	___ + ___ + ___ + ___ = ___ pies	___ × ___ = ___ pies cuadrados

El área de la caja con arena _____ es la mayor área.

Entonces, Toby debe hacer una caja con arena que mida

_____ pies de ancho y _____ pies de longitud.

Charla matemática

PRÁCTICAS Y PROCESOS MATEMÁTICOS ⑥

Compara ¿En qué se parecen las cajas con arena? ¿En qué se diferencian?

🔑 Ejemplos Dibuja rectángulos con el mismo perímetro y diferente área.

A Dibuja un rectángulo que tenga un perímetro de 20 unidades y un área de 24 unidades cuadradas.

Los lados del rectángulo miden

_____ unidades y _____ unidades.

B Dibuja un rectángulo que tenga un perímetro de 20 unidades y un área de 25 unidades cuadradas.

Los lados del rectángulo miden

_____ unidades y _____ unidades.

Charla matemática — PRÁCTICAS Y PROCESOS MATEMÁTICOS ③

Compara representaciones Explica cómo se relacionan los perímetros de los Ejemplos *A* y *B*. Explica cómo se relacionan las áreas.

Comparte y muestra MATH BOARD

1. El perímetro del rectángulo de la derecha es _____ unidades. El área es _____ unidades cuadradas.

2. Dibuja un rectángulo que tenga el mismo perímetro que el rectángulo del Ejercicio 1, pero diferente área.

3. El área del rectángulo del Ejercicio 2 es _____ unidades cuadradas.

✓ 4. ¿Qué rectángulo tiene el área mayor?

_____

Charla matemática — PRÁCTICAS Y PROCESOS MATEMÁTICOS ⑥

Explica cómo sabías cómo sería el rectángulo del Ejercicio 5.

5. Si tuvieras que dibujar un rectángulo con un perímetro determinado, ¿cómo lo harías para que tuviera el área mayor?

_____

Halla el perímetro y el área. Indica qué rectángulo tiene un área mayor.

6.

A

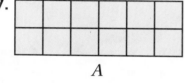

B

A: Perímetro = _____; Área = _____

B: Perímetro = _____; Área = _____

El rectángulo _____ tiene un área mayor.

Por tu cuenta

Halla el perímetro y el área. Indica qué rectángulo tiene un área mayor.

7.

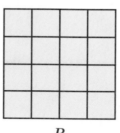

A

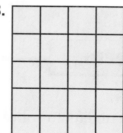

B

A: Perímetro = _____;

Área = _____

B: Perímetro = _____;

Área = _____

El rectángulo ____ tiene un área mayor.

8.

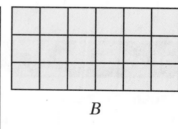

A

B

A: Perímetro = _____;

Área = _____

B: Perímetro = _____;

Área = _____

El rectángulo ____ tiene un área mayor.

9. **PRÁCTICAS Y PROCESOS MATEMÁTICOS 6** **Usa vocabulario matemático** El jardín de flores de Todd mide 4 pies de ancho y 8 pies de longitud. Si la respuesta es 32 pies cuadrados, ¿cuál es la pregunta?

_____

Resolución de problemas • Aplicaciones En el mundo

10. PIENSA MÁS Dibuja un rectángulo con el mismo perímetro que el rectángulo *C*, pero con un área más pequeña. ¿Cuál es el área?

C

Área = _____

11. PIENSA MÁS ¿Qué figura tiene un perímetro de 20 unidades y un área de 16 unidades cuadradas?

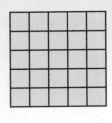 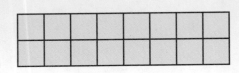 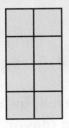 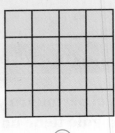

Ⓐ   Ⓑ   Ⓒ   Ⓓ

Conectar con la Lectura

Causa y efecto

A veces, una acción tiene un efecto sobre otra acción.
La *causa* es la razón por la que algo sucede.
El *efecto* es el resultado.

12. MÁS AL DETALLE Sam quería imprimir una foto digital que mide 3 pulgadas de ancho y 5 pulgadas de longitud. ¿Qué pasaría si Sam imprimiera sin querer una foto de 4 pulgadas de ancho y 6 pulgadas de longitud?

Sam puede hacer una tabla para entender la causa y el efecto.

Causa	Efecto
Imprimió la foto del tamaño equivocado.	Cada lado de la foto tiene una longitud mayor.

Usa la información y la estrategia para resolver los problemas.

a. ¿Qué efecto tuvo el error en el perímetro de la foto?

_____

_____

b. ¿Qué efecto tuvo el error en el área de la foto?

_____

_____

El mismo perímetro, áreas diferentes

Objetivo de aprendizaje Usarás fichas cuadradas y papel cuadriculado para identificar y dibujar rectángulos de igual perímetro y decir cuál rectángulo tiene un área mayor.

Halla el perímetro y el área. Indica qué rectángulo tiene un área mayor.

1.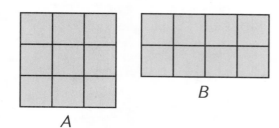

A

2.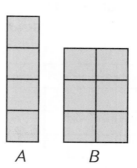

A   B

A: Perímetro = _____ 12 unidades _____ ;

Área = _9 unidades cuadradas_

B: Perímetro = _____ ;

Área = _____

El rectángulo _____ tiene un área mayor.

A: Perímetro = _____ ;

Área = _____

B: Perímetro = _____ ;

Área = _____

El rectángulo _____ tiene un área mayor.

Resolución de problemas

3. Las recámaras de Sara y Julia tienen forma de rectángulo. La recámara de Sara mide 9 pies de longitud y 8 pies de ancho. La recámara de Julia mide 7 pies de longitud y 10 pies de ancho. ¿De quién es la recámara que tiene el área mayor? **Explícalo.**

_____

_____

4. **ESCRIBE** ▸*Matemáticas* Dibuja tres ejemplos de rectángulos que tengan el mismo perímetro, pero áreas diferentes. Observa cuál área es la mayor y cuál la menor.

_____

_____

Repaso de la lección

1. Dibuja un rectángulo que tenga un perímetro de 12 unidades y un área de 8 unidades cuadradas.

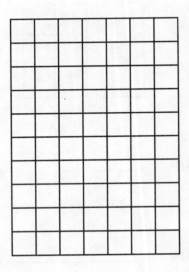

2. Halla el perímetro y el área. Di qué rectángulo tiene el área mayor.

A

B

A: Perímetro = _____ unidades

Área = _____ unidades cuadradas

B: Perímetro = _____ unidades

Área = _____ unidades cuadradas

El rectángulo _____ tiene el área mayor.

Repaso en espiral

3. Kerrie cubre una mesa con 8 hileras de fichas cuadradas. Hay 7 fichas en cada hilera. ¿Cuál es el área que cubre Kerrie en unidades cuadradas?

4. Von tiene un taller rectangular con un perímetro de 26 pies. La longitud del taller es 6 pies. ¿Cuál es el ancho del taller de Von?

PRACTICA MÁS CON EL
Entrenador personal
en matemáticas

Nombre _____

La misma área, perímetros diferentes

Pregunta esencial ¿Cómo puedes usar el perímetro para comparar rectángulos que tienen la misma área?

Objetivo de aprendizaje Usarás fichas cuadradas y papel cuadriculado para identificar y dibujar rectángulos de igual área y decir cuál rectángulo tiene mayor perímetro.

Soluciona el problema En el mundo

Marcy hará un corral rectangular para sus conejos. El área debe ser 16 metros cuadrados y las longitudes de los lados deben ser números enteros. ¿Cuál es la menor cantidad de cerca que necesita?

- ¿Qué representa la menor cantidad de cerca?

  _____

Actividad **Materiales** ■ fichas cuadradas

Usa 16 fichas cuadradas para hacer rectángulos. Haz todos los rectángulos diferentes que puedas con las 16 fichas. Dibuja los rectángulos en la cuadrícula, escribe la ecuación de multiplicación para el área de cada rectángulo y halla el perímetro de cada uno.

Charla matemática

PRÁCTICAS Y PROCESOS MATEMÁTICOS ④

Representa las matemáticas ¿Cómo hallaste qué rectángulos dibujar?

Área: _____ × _____ = 16 metros cuadrados   Perímetro: _____ metros

Área: _____ × _____ = 16 metros cuadrados   Perímetro: _____ metros

Área: _____ × _____ = 16 metros cuadrados   Perímetro: _____ metros

Para usar la menor cantidad de material, Marcy debería hacer un corral

rectangular con longitud de los lados de _____ metros y _____ metros.

Entonces, _____ metros es la menor cantidad de cerca que necesita Marcy.

¡Inténtalo!

Dibuja en la cuadrícula tres rectángulos que tengan un área de 18 unidades cuadradas. Halla el perímetro de cada rectángulo. Sombrea el rectángulo que tenga el perímetro mayor.

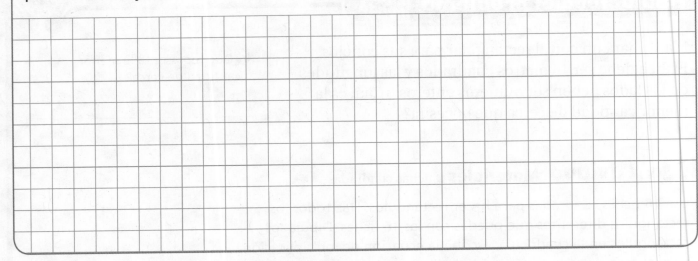

Comparte y muestra

1. El área del rectángulo que está a la derecha es

   _____ unidades cuadradas. El perímetro es

   _____ unidades.

2. Dibuja un rectángulo que tenga la misma área que el rectángulo del Ejercicio 1, pero diferente perímetro.

3. El perímetro del rectángulo del Ejercicio 2 es

   _____ unidades.

4. ¿Qué rectángulo tiene el perímetro mayor?

   _____

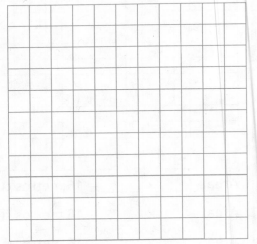

5. Si tuvieras que dibujar un rectángulo con un área determinada, ¿cómo lo harías de manera que tuviera el mayor perímetro?

   _____

PRÁCTICAS Y PROCESOS MATEMÁTICOS ③

Compara representaciones
¿Dibujaron tú y tu compañero el mismo rectángulo en el Ejercicio 2?

Nombre _____

**Halla el perímetro y el área. Indica qué
rectángulo tiene un perímetro mayor.**

6.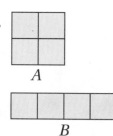
A

B

A: Área = _____ ; Perímetro = _____

B: Área = _____ ; Perímetro = _____

El rectángulo _____ tiene un perímetro mayor.

Por tu cuenta

**Halla el perímetro y el área. Indica qué
rectángulo tiene un perímetro mayor.**

7.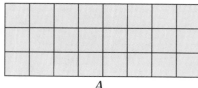
A

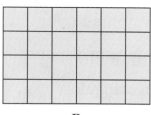
B

A: Área = _____ ;

Perímetro = _____

B: Área = _____ ;

Perímetro = _____

El rectángulo _____ tiene un perímetro
mayor.

8.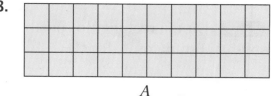
A

B

A: Área = _____ ;

Perímetro = _____

B: Área = _____ ;

Perímetro = _____

El rectángulo _____ tiene un perímetro
mayor.

9. **PIENSA MÁS** **¿Tiene sentido?** Dora dice que, de todos
los rectángulos posibles con la misma área, el rectángulo
con el mayor perímetro tendrá dos lados con una longitud
de 1 unidad. ¿Tiene sentido su enunciado? Explícalo.

Soluciona el problema (En el mundo)

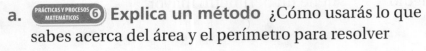

10. Roberto tiene 12 fichas cuadradas. Cada ficha es 1 pulgada cuadrada. Las dispondrá en forma de rectángulo y pegará piedras de 1 pulgada a lo largo de los bordes. ¿Cómo puede Roberto disponer las fichas de manera que use la menor cantidad de piedras?

a. **PRÁCTICAS Y PROCESOS MATEMÁTICOS ⑥** **Explica un método** ¿Cómo usarás lo que sabes acerca del área y el perímetro para resolver

el problema? _____

_____

_____

b. *MÁS AL DETALLE* Dibuja rectángulos posibles para resolver el problema. Rotúlalos *A*, *B* y *C*.

_____

_____

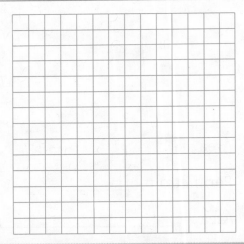

c. Entonces, Roberto debería disponer las fichas como en el rectángulo _____.

11. **PIENSA MÁS** Dibuja 2 rectángulos diferentes con un área de 20 unidades cuadradas. ¿Cuál es el perímetro de cada rectángulo que dibujaste?

Área = 20 unidades cuadradas

Perímetro = _____ unidades

Perímetro = _____ unidades

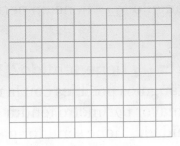

La misma área, perímetros diferentes

Objetivo de aprendizaje Usarás fichas cuadradas y papel cuadriculado para identificar y dibujar rectángulos de igual área y decir cuál rectángulo tiene mayor perímetro.

Halla el perímetro y el área. Indica qué rectángulo tiene un perímetro mayor.

1.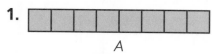
A

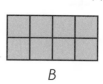
B

A: Área = _____8 unidades cuadradas_____ ;

Perímetro = _____18 unidades_____

B: Área = _____ ;

Perímetro = _____

El rectángulo _____ tiene un perímetro mayor.

2.
A   B

.A: Área = _____ ;

Perímetro = _____

B: Área = _____ ;

Perímetro = _____

El rectángulo _____ tiene un perímetro mayor.

Resolución de problemas (En el mundo)

Usa los diseños con fichas para resolver los Ejercicios 3 y 4.

Diseños con fichas de Beth

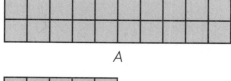
A

3. Compara las áreas del Diseño A y el Diseño B.

_____

_____

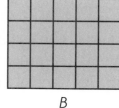
B

4. Compara los perímetros. ¿Qué diseño tiene el perímetro mayor?

_____

5. **ESCRIBE** ▸*Matemáticas* Dibuja dos rectángulos con diferentes perímetros pero la misma área.

_____

_____

Repaso de la lección

1. Jake dibujó dos rectángulos. ¿Qué rectángulo tiene el mayor perímetro?

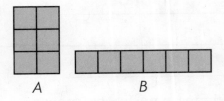

2. Alyssa dibujó dos rectángulos. ¿Qué rectángulo tiene el mayor perímetro?

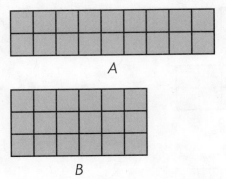

_____

_____

Repaso en espiral

3. A Marsha le pidieron que hallara el valor de $8 - 3 \times 2$. Escribió una respuesta incorrecta. ¿Cuál es la respuesta correcta?

4. ¿Qué fracción indica el punto en la recta numérica?

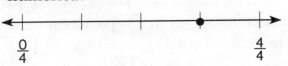

_____

_____

5. Kyle dibujó tres segmentos con estas longitudes: $\frac{2}{4}$ de pulgada, $\frac{2}{3}$ de pulgada y $\frac{2}{6}$ de pulgada. Ordena las fracciones de menor a mayor.

6. El lunes cayeron $\frac{3}{8}$ de pulgada de nieve. El martes cayeron $\frac{5}{8}$ de pulgada de nieve. Escribe un enunciado que compare correctamente las cantidades de nieve.

_____

_____

PRACTICA MÁS CON EL
Entrenador personal
en matemáticas

Nombre _____

 Repaso y prueba del Capítulo 11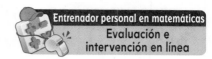

Entrenador personal en matemáticas
Evaluación e
intervención en línea

1. Halla el perímetro de cada figura de la cuadrícula. Identifica las figuras que tengan un perímetro de 14 unidades. Marca todas las que correspondan.

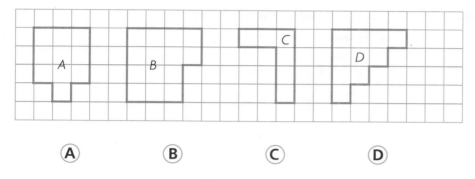

(A)   (B)   (C)   (D)

2. Kim quiere colocar un marco alrededor de una imagen que dibujó. ¿Cuántos centímetros de marco necesita Kim para el perímetro del dibujo?

6 cm

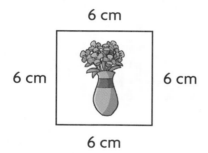

6 cm   6 cm

6 cm

_____ centímetros

3. Sofía dibujó este rectángulo en papel punteado. ¿Cuál es el área del rectángulo?

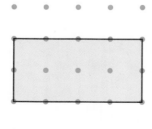

_____ unidades cuadradas

Opciones de evaluación
Prueba del capítulo

4. El dibujo muestra el plan de Seth para construir un fuerte en su patio trasero. Cada cuadrado de una unidad es 1 pie cuadrado.

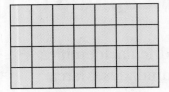

¿Qué ecuaciones puede usar Seth para hallar el área del fuerte? Marca todas las respuestas que correspondan.

A $4 + 4 + 4 + 4 = 16$

B $7 + 4 + 7 + 4 = 22$

C $7 + 7 + 7 + 7 = 28$

D $4 \times 4 = 16$

E $7 \times 7 = 49$

F $4 \times 7 = 28$

5. ¿Qué rectángulo tiene un número de unidades cuadradas de su área igual al número de unidades de su perímetro?

A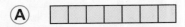

C

B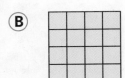

D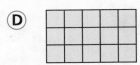

6. Vanessa dibuja un cuadrado con una regla. El perímetro del cuadrado es 12 centímetros. Elige un número para completar la oración.

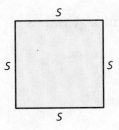

El cuadrado tiene una longitud de lado de
3
4
5
6
centímetros.

7. Tomás dibujó dos rectángulos en papel cuadriculado.

Encierra en un círculo las palabras que hacen que la oración sea verdadera.

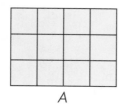 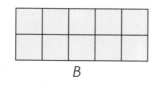

A   B

El rectángulo *A* tiene un área que es

menor que
igual a
mayor que

el área del rectángulo *B* y un perímetro que es

menor que
igual a
mayor que

el perímetro del rectángulo *B*.

8. Yuji dibujó esta figura en papel cuadriculado. ¿Cuál es el perímetro de la figura?

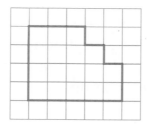

_____ unidades

9. ¿Cuál es el área de la figura que se muestra? Cada cuadrado de una unidad es 1 metro cuadrado.

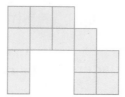

_____ metros cuadrados

10. Shawn dibujó un rectángulo que medía 2 unidades de ancho y 6 unidades de longitud. Dibuja un rectángulo diferente que tenga el mismo perímetro pero un área diferente.

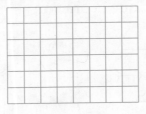

11. La Sra. Ríos colocó un borde de papel tapiz alrededor de la habitación que se muestra a continuación. Usó 72 pies de borde.

¿Cuál es la longitud de lado desconocida? Muestra tu trabajo.

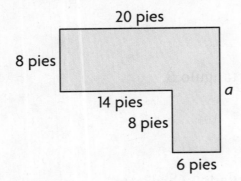

_____ pies

12. Elizabeth tiene dos jardines en su patio. El primer jardín tiene una longitud de 8 pies y un ancho de 6 pies. El segundo jardín tiene la mitad de la longitud del primer jardín. El área del segundo jardín es el doble del área del primer jardín. En los ejercicios 12a a 12d, elige Verdadero o Falso.

		Verdadero	Falso
12a.	El área del primer jardín es 48 pies cuadrados.	○ Verdadero	○ Falso
12b.	El área del segundo jardín es 24 pies cuadrados.	○ Verdadero	○ Falso
12c.	El ancho del segundo jardín es 12 pies.	○ Verdadero	○ Falso
12d.	El ancho del segundo jardín es 24 pies.	○ Verdadero	○ Falso

690

13. Marcus compró unas postales. Cada postal tenía un perímetro de 16 pulgadas. ¿Cuál podría ser una de las postales que compró Marcus? Marca todas las respuestas que correspondan.

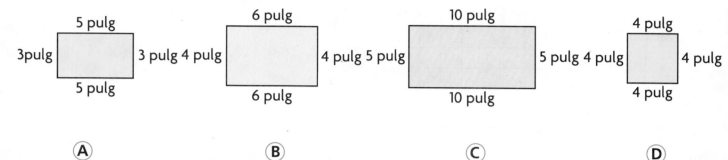

Ⓐ   Ⓑ   Ⓒ   Ⓓ

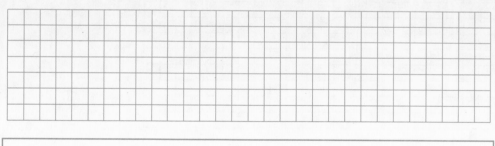

14. PIENSA MÁS   Anthony quiere hacer dos jardineras de formas rectangulares diferentes, cada una con un área de 24 pies cuadrados. Construirá un cerco de madera alrededor de cada jardinera. Las jardineras tendrán longitudes de lado que serán números enteros.

Parte A

Cada cuadrado de una unidad de la siguiente cuadrícula es 1 pie cuadrado. Dibuja dos jardineras posibles. Rotula cada una con una letra.

Parte B

¿Para cuál de las jardineras se necesitará más madera para cercarla? Explica cómo lo sabes.

_____

_____

_____

15. Keisha dibuja su sala de estar en papel cuadriculado. Cada cuadrado de una unidad es 1 metro cuadrado. Escribe y resuelve una ecuación de multiplicación que pueda usarse para hallar el área de la sala de estar en metros cuadrados.

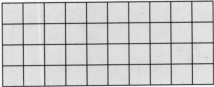

_____

_____ metros cuadrados

16. El Sr. Wicks diseña casas. Usa papel cuadriculado para planificar el diseño de una nueva casa. La cocina tendrá un área de entre 70 pies cuadrados y 85 pies cuadrados. La despensa tendrá un área de entre 4 pies cuadrados y 15 pies cuadrados. Dibuja y rotula un diagrama que muestre lo que el Sr. Wicks podría diseñar. Explica cómo hallar el área total.

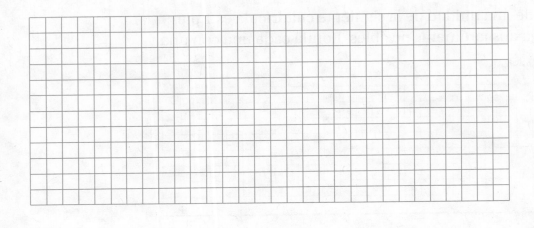

_____

_____

_____

La gran idea

Geometría

LA GRAN IDEA Describir, analizar y comparar figuras bidimensionales. Desarrollar una comprensión conceptual de la división de las figuras en áreas iguales y escribir dichas áreas como una fracción.

Los estudiantes de la escuela primaria Dommerich ayudaron a diseñar y armar un mosaico para mostrar partes de su comunidad, plantas y animales locales.

En el mundo **Proyecto**

Haz un mosaico

¿Alguna vez has combinado las piezas de un rompecabezas para formar un dibujo o un diseño? También puedes combinar trozos de papel para crear una colorida obra de arte llamada mosaico.

Para comenzar   ESCRIBE ▸ *Matemáticas*

Materiales ▪ cartulina ▪ pegamento ▪ regla ▪ tijeras

Trabaja con un compañero para hacer un mosaico de papel. Usa los Datos importantes como ayuda.

- Dibuja un patrón sencillo en una hoja de papel.

- Recorta figuras de cartulina, como rectángulos, cuadrados y triángulos, de los colores que necesites. Los lados de las figuras deben medir alrededor de 1 pulgada.

- Pega las figuras en el patrón. Deja un poco de espacio entre las figuras para crear el efecto mosaico.

Describe y compara las figuras que usaste para hacer el mosaico.

Datos importantes

- El mosaico es un arte que consiste en usar trozos pequeños de material, como azulejos o vidrio, para hacer un dibujo o un diseño colorido.
- Las piezas de un mosaico pueden ser figuras planas pequeñas, como rectángulos, cuadrados y triángulos.
- Los mosaicos pueden tener cualquier tipo de diseño o patrón: desde figuras florales sencillas hasta objetos comunes de tu casa o patrones de la naturaleza.

_____

_____

_____

_____

Completado por _____

Figuras bidimensionales

✓ **Muestra lo que sabes**

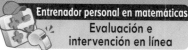
Entrenador personal en matemáticas
Evaluación e intervención en línea

Comprueba si comprendes las destrezas importantes.

Nombre _____

▶ **Figuras planas**

1. Colorea los triángulos de azul.

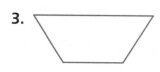

2. Colorea los rectángulos de rojo.

▶ **Número de lados** Escribe el número de lados.

3.

 _____ lados

4.

 _____ lados

5. Encierra en un círculo las figuras que tienen 4 lados o más.

Matemáticas En el mundo

Whitney encontró este dibujo, en el que se muestran 9 cuadrados pequeños. Halla cuadrados más grandes en el dibujo. ¿Cuántos cuadrados hay en total? Explícalo.

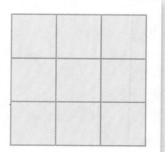

▶ **Visualízalo** ••••••••••••••••••••••••••••••••

**Usa las palabras marcadas con ✓ para completar
el diagrama de árbol.**

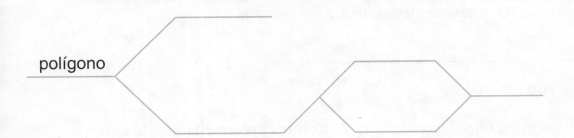

polígono

▶ **Comprende el vocabulario** ••••••••••••••••••••

**Traza una línea para emparejar las palabras con
sus definiciones.**

1. figura cerrada •	• Una parte de una recta que incluye dos extremos y todos los puntos que hay entre ellos
2. segmento •	• Una figura formada por dos semirrectas que comparten un extremo
3. ángulo recto •	• Una figura que comienza y termina en el mismo punto
4. hexágono •	• Un ángulo que forma una esquina cuadrada
5. ángulo •	• Una figura plana cerrada formada por segmentos
6. polígono •	• Un polígono con 6 lados y 6 ángulos

Palabras nuevas

ángulo
ángulo recto
cuadrado
✓ cuadrilátero
diagrama de Venn
figura abierta
figura cerrada
hexágono
recta
rectas paralelas
rectas perpendiculares
rectas secantes
polígono
punto
✓ rectángulo
✓ rombo
segmento
semirrecta
trapecio
✓ triángulo
vértice

• **Libro interactivo del estudiante**
• **Glosario multimedia**

Vocabulario del Capítulo 12

ángulo

angle

2

cuadrilátero

quadrilateral

8

diagrama de Venn

Venn diagram

12

extremo

endpoint

21

línea

line

32

líneas paralelas

parallel lines

33

líneas perpendiculares

perpendicular lines

34

líneas secantes

intersecting lines

35

Cuadrilátero con al menos un par de lados paralelos

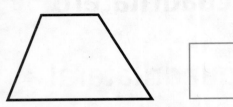

Figura formada por dos semirrectas que comparten un extremo

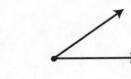

El punto a cada lado final de un segmento

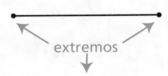

Diagrama que muestra las relaciones entre conjuntos de cosas

Rectas en el mismo plano que nunca se cruzan y siempre están separadas a la misma distancia

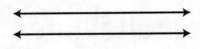

Camino recto sin extremos que se extiende en ambas direcciones

---

Rectas que se encuentran o se cruzan

Rectas que se intersectan para formar ángulos rectos

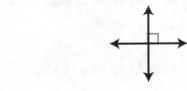

Vocabulario del Capítulo 12 *(continuación)*

octágono octagon 50	**pentágono** pentagon 58
polígono polygon 61	**rombo** rhombus 73
segmento de recta line segment 74	**semirrecta** ray 75
trapecio trapezoid 81	**vértice** vertex 84

Figura plana cerrada con lados rectos que son segmentos

Polígono con 8 lados y 8 ángulos

PARE

Cuadrilátero con dos pares de lados paralelos y cuatro lados de igual longitud

Polígono con 4 lados y 4 ángulos

Parte de una recta, sin extremo, que es derecha y continúa en una dirección

Parte de una recta que incluye dos puntos llamados extremos y todos los puntos entre ellos

Punto en donde dos semirrectas de un ángulo o dos (o más) segmentos se unen en una figura plana o donde tres o más aristas se encuentran en una figura sólida

Ejemplos:

vértice

vértice

Cuadrilátero con al menos un par de lados paralelos

Juego

Visita al museo de arte

Para 2 jugadores

Materiales
- 1 cubo interconectable rojo
- 1 cubo interconectable azul
- 1 cubo numerado
- Tarjetas de pistas

Instrucciones

1. Elige un cubo interconectable y colócalo en la SALIDA.

2. Cuando sea tu turno, lanza el cubo numerado. Avanza tu cubo interconectable ese número de casillas.

3. Si caes en una de las siguientes casillas:

   Casilla azul Sigue las instrucciones de la casilla.

   Casilla roja Saca una Tarjeta de pista del montón. Si responses correctamente la pregunta, quédate con la Tarjeta de pista. Si no, colócala debajo del montón.

4. Junta al menos 5 Tarjetas de pistas. Recorre la pista todas las veces que necesites.

5. Solo cuando tengas 5 Tarjetas de pistas podrás tomar el camino central más próximo para alcanzar la LLEGADA.

6. Ganará la partida el primer jugador que alcance la LLEGADA.

Recuadro de palabras

ángulo

cuadrilátero

diagrama de Venn

extremos

recta

rectas paralelas

rectas
  perpendiculares

rectas secantes

octágono

pentágono

polígono

rombo

segmento

semirrecta

trapecio

vértice

SACA UNA
PISTA

Hoy hay una muestra de tu artista favorito. Avanza 1 casilla.

LLEGADA

SACA UNA
PISTA

Te acercaste demasiado a un cuadro y activaste las alarmas. Retrocede 1 casilla.

FENIX
FINE ARTS

SACA UNA PISTA

Hoy el museo está cerrado. Retrocede 1 casilla.

¡Hoy hay recorridos gratis! Avanza 1.

LLEGADA

SALIDA ▶

SACA UNA PISTA

Escríbelo

Reflexiona

Elige una idea. Escribe sobre ella.

- En dos minutos, dibuja todos los ejemplos de polígonos que puedas y rotúlalos. Haz tu dibujo en una hoja aparte.
- Trabaja con un compañero para explicar e ilustrar rectas paralelas, secantes y perpendiculares. Haz tu dibujo en una hoja aparte.
- Un lector de tu columna de consejos matemáticos escribe: "Confundo los rombos, los cuadrados, los rectángulos y los trapecios. ¿Cómo puedo distinguir estos cuadriláteros?". Escribe una carta a tu lector donde le des consejos paso a paso.

Nombre _____

Describir figuras planas

Pregunta esencial ¿Cuáles son algunas de las maneras de describir figuras bidimensionales?

Objetivo de aprendizaje Describirás los atributos de figuras bidimensionales y escribirás si una figura es abierta o cerrada.

 Soluciona el problema En el mundo

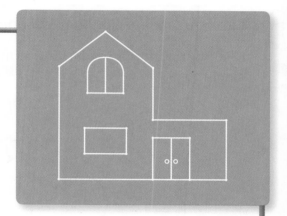

Un arquitecto dibuja planos de casas, tiendas, oficinas y otros edificios. Observa las figuras del dibujo que está a la derecha.

Una **figura plana** es una figura que se encuentra en una superficie plana. Está formada por puntos que tienen caminos curvos, segmentos o ambos.

punto	**recta**
• es una posición o ubicación exacta 	• es un camino derecho  • continúa en ambas direcciones • no tiene fin
extremos	**segmento**
• puntos que se usan para mostrar segmentos de rectas 	• es recto • forma parte de una recta • tiene 2 extremos

semirrecta

• es recta • forma parte de una recta • tiene 1 extremo • continúa en una dirección

Algunas figuras planas se forman al conectar los extremos de distintos segmentos. Un ejemplo es el cuadrado. Describe un cuadrado con términos matemáticos.

Piensa: ¿Cuántos segmentos y cuántos extremos tiene un cuadrado?

Un cuadrado tiene _____ segmentos. Los segmentos

se tocan solamente en sus _____.

Charla matemática PRÁCTICAS Y PROCESOS MATEMÁTICOS ③

Aplica ¿Por qué no puedes medir la longitud de una recta?

Las figuras planas tienen longitud y ancho, pero no tienen espesor, por lo que también se llaman **figuras bidimensionales.**

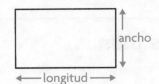

ancho

longitud

¡Inténtalo! Dibuja figuras planas.

Las figuras planas pueden ser abiertas o cerradas.

Una **figura cerrada** comienza y termina en el mismo punto.

En el espacio que sigue, dibuja más ejemplos de figuras cerradas.

Una **figura abierta** no comienza ni termina en el mismo punto.

En el espacio que sigue, dibuja más ejemplos de figuras abiertas.

Charla matemática

PRÁCTICAS Y PROCESOS MATEMÁTICOS **6**

Explica si una figura que tiene un camino curvo debe ser una figura cerrada, una figura abierta o si cualquiera de las dos.

• La figura plana que está a la derecha ¿es una figura cerrada o una figura abierta? Explica cómo lo sabes.

_____

_____

Nombre _____

1. Indica cuántos segmentos tiene

   la figura. _____

Encierra en un círculo todas las palabras que describen la figura.

2.

   semirrecta

   punto

3.

   figura abierta

   figura cerrada

✓4.

   figura abierta

   figura cerrada

5.

   recta

   segmento

Indica si la figura es *abierta* o *cerrada*.

6.

   _____

7.

   _____

✓8.

   _____

9.

   _____

Charla matemática

PRÁCTICAS Y PROCESOS MATEMÁTICOS ①

Describe ¿Cómo sabes si una figura es una figura abierta o cerrada?

Por tu cuenta

Indica cuántos segmentos tiene la figura.

10.

   segmentos

11.

   segmentos

12.

   segmentos

13.

   segmentos

Indica si la figura es *abierta* o *cerrada*.

14.

   _____

15.

   _____

16.

   _____

17.

   _____

Resolución de problemas • Aplicaciones

18. ¿Cuál es el error? Brittany dice que la figura que se muestra a la derecha tiene dos extremos. ¿Tiene razón? Explícalo.

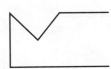

_____

_____

19. PRÁCTICAS Y PROCESOS MATEMÁTICOS **6** **Explica** cómo puedes convertir la figura que se muestra a la derecha en una figura cerrada. Convierte la figura en una figura cerrada.

_____

_____

20. MÁS AL DETALLE Observa el dibujo de Carly que está a la derecha. ¿Qué dibujó? ¿En qué se parece a una recta? ¿En qué se diferencia? Convierte el dibujo en una recta.

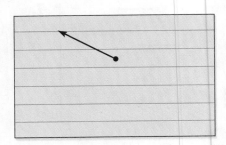

_____

_____

_____

21. PIENSA MÁS Conecta 5 segmentos por sus extremos en el área de trabajo para dibujar una figura cerrada.

22. PIENSA MÁS Dibuja cada figura en el lugar de la tabla donde pertenece.

Figura cerrada	Figura abierta

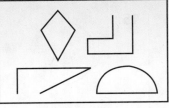

Describir figuras planas

Objetivo de aprendizaje Describirás los atributos de figuras bidimensionales y escribirás si una figura es abierta o cerrada.

Indica cuántos segmentos tiene la figura.

1.

___4___ segmentos

2.

_____ segmentos

Indica si la figura es *abierta* o *cerrada*.

3.

_____

4.

_____

Resolución de problemas · En el mundo

5. Carl quiere dibujar una figura cerrada. Muestra y explica cómo hacer que el dibujo se convierta en una figura cerrada.

_____

_____

6. Abajo se muestra una figura del estanque para peces de un parque. ¿Es la figura abierta o cerrada?

_____

7. **ESCRIBE** ▸ *Matemáticas* Dibuja una figura abierta y una figura cerrada. Rotula tus figuras.

_____

_____

Repaso de la lección

1. ¿Cuántos segmentos tiene esta figura?

_____

2. ¿Qué es parte de una recta, tiene un extremo y continúa en una dirección?

_____

Repaso en espiral

3. ¿Qué enunciado de multiplicación muestra la matriz?

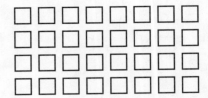

_____

_____

4. ¿Cuál es el factor desconocido y el cociente?

$9 \times \blacksquare = 27$

$27 \div 9 = \blacksquare$

_____

_____

5. ¿Qué fracción es equivalente a $\frac{4}{8}$?

_____

_____

6. El maestro MacTavish irá de excursión al zoológico con 30 estudiantes de su clase. Para eso forma grupos de 6 estudiantes. ¿Cuántos grupos de estudiantes formará?

_____

_____

PRACTICA MÁS CON EL
Entrenador personal
en matemáticas

Describir los ángulos de figuras planas

Pregunta esencial ¿Cómo puedes describir los ángulos de figuras planas?

Objetivo de aprendizaje Describirás ángulos al decir cuántos ángulos de cada tipo tiene una figura y al medir un ángulo comparándolo con la medida de un ángulo recto.

 Soluciona el problema En el mundo

Un **ángulo** está formado por dos semirrectas que comparten un extremo. Las figuras planas tienen ángulos formados por dos segmentos que comparten un extremo. El extremo compartido se llama **vértice**. El plural de vértice es vértices.

vértice →

Jason dibujó esta figura en papel punteado.

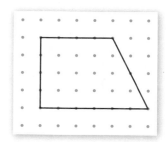

• ¿Cuántos ángulos hay en la figura de Jason?

_____

Observa los ángulos de la figura que dibujó Jason.

¿Cómo puedes describir esos ángulos?

 Describe los ángulos.

Esta marca significa *ángulo recta* →

Un **ángulo recto** es un ángulo que forma una esquina cuadrada.

Algunos ángulos son menores que un ángulo recto.

Otros ángulos son mayores que un ángulo recto.

Observa la figura de Jason.

Dos ángulos son _____ , _____ ángulo es

_____ un ángulo recto y _____ ángulo es

_____ un ángulo recto.

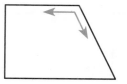 Charla matemática

PRÁCTICAS Y PROCESOS MATEMÁTICOS ①

Analiza ¿Cuáles son algunos ejemplos de ese tipo de ángulos que se ven en la vida cotidiana? Describe dónde los ves y qué tipos de ángulos ves.

Actividad Representa ángulos.

Materiales ■ pajillas flexibles ■ tijeras ■ papel ■ lápiz

- Haz un corte pequeño en la sección más corta de una pajilla flexible. Corta la sección más corta y la parte flexible de otra pajilla. Inserta el extremo con el corte pequeño de la primera pajilla en la segunda pajilla.

corte pequeño   corta   inserta

pajilla 1   pajilla 2

pajilla 1   pajilla 2

- Forma un ángulo con las pajillas que uniste. Compara el ángulo que formaste con una esquina de la hoja de papel.

- Abre y cierra las pajillas para formar otros tipos de ángulos.

En el espacio que sigue, traza los ángulos que formaste con las pajillas. Rotula cada *ángulo recto, menor que un ángulo recto* o *mayor que un ángulo recto*.

Comparte y muestra MATH BOARD

1. ¿Cuántos ángulos hay en el triángulo que está a la derecha?

_____

Charla matemática PRÁCTICAS Y PROCESOS MATEMÁTICOS ②

Usa el razonamiento ¿Cómo sabes que un ángulo es mayor o menor que un ángulo recto?

Con la ayuda de la esquina de una hoja de papel, indica si el ángulo es un *ángulo recto, menor que un ángulo recto* o *mayor que un ángulo recto*.

2.

3.

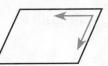

✓4.

_____   _____   _____

Indica cuántos de cada tipo de ángulo tiene la figura.

5.

_____ rectos

_____ menores que uno recto

_____ mayores que uno recto

6.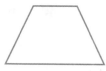

_____ rectos

_____ menores que uno recto

_____ mayores que uno recto

7.

_____ rectos

_____ menores que uno recto

_____ mayores que uno recto

Por tu cuenta

Con la ayuda de la esquina de una hoja de papel, indica si el ángulo es un *ángulo recto, menor que un ángulo recto* o *mayor que un ángulo recto*.

8.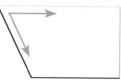

_____

9.

_____

10.

_____

PRÁCTICAS Y PROCESOS MATEMÁTICOS ❶ Analiza las relaciones **Indica cuántos de cada tipo de ángulo tiene la figura.**

11.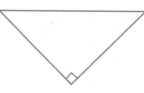

_____ rectos

_____ menores que uno recto

_____ mayores que uno recto

12.

_____ rectos

_____ menores que uno recto

_____ mayores que uno recto

13.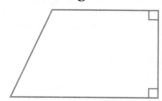

_____ rectos

_____ menores que uno recto

_____ mayores que uno recto

14. **PIENSA MÁS** Describe los tipos de ángulos que se forman cuando divides un círculo en 4 partes iguales.

_____

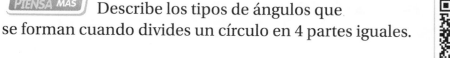

Soluciona el problema (En el mundo)

15. MÁS AL DETALLE   Holly dibujó las cuatro figuras siguientes.
¿Qué figura NO tiene ángulos rectos?

   R   S   T

a. ¿Qué necesitas saber? _____

b. Explica cómo podrías usar una hoja de papel para resolver el problema.

_____

_____

c. La Figura *Q* tiene _____ ángulo(s) recto(s), _____ ángulo(s) mayor(es)

que un ángulo recto y _____ ángulo(s) menor(es) que un ángulo recto.

La Figura *R* tiene _____ ángulo(s) recto(s), _____ ángulo(s) mayor(es)

que un ángulo recto y _____ ángulo(s) menor(es) que un ángulo recto.

La Figura *S* tiene _____ ángulo(s) recto(s), _____ ángulo(s) mayor(es)

que un ángulo recto y _____ ángulo(s) menor(es) que un ángulo recto.

La Figura *T* tiene _____ ángulo(s) recto(s), _____ ángulo(s) mayor(es)

que un ángulo recto y _____ ángulo(s) menor(es) que un ángulo recto.

Por lo tanto, la figura _____ no tiene un ángulo recto.

16. PIENSA MÁS   Encierra en un círculo el número o
la palabra que completa la oración que describe
todos los ángulos en esta figura.

Hay | 2 | ángulos rectos y | 2 | ángulos | menores
    | 3 | | 3 | | mayores
    | 4 | | 4 |

que un ángulo recto.

Describir los ángulos de figuras planas

Objetivo de aprendizaje Describirás ángulos al decir cuántos ángulos de cada tipo tiene una figura y al medir un ángulo comparándolo con la medida de un ángulo recto.

Con la ayuda de la esquina de una hoja de papel, indica si el ángulo es un *ángulo recto, menor que un ángulo recto o mayor que un ángulo recto*.

1.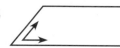

menor que un ángulo
recto
_____

2.

_____

3.

_____

Indica cuántos de cada tipo de ángulo tiene la figura.

4.

_____ ángulos rectos

_____ menores que
un ángulo recto

_____ mayores que
un ángulo recto

5.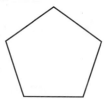

_____ ángulos rectos

_____ menores que
un ángulo recto

_____ mayores que
un ángulo recto

6.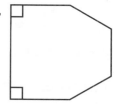

_____ ángulos rectos

_____ menores que
un ángulo recto

_____ mayores que
un ángulo recto

Resolución de problemas

7. Jeff tiene un papel de dibujo cuadrado. Lo corta transversalmente de una esquina a la esquina opuesta para hacer dos partes. ¿Cuál es el número total de lados y de ángulos de las dos figuras nuevas juntas?

_____

_____

_____

8. ║ESCRIBE▶ *Matemáticas* Dibuja un ejemplo de una figura que tenga por lo menos un ángulo recto, un ángulo menor que un ángulo recto y un ángulo mayor que un ángulo recto. Rotula los ángulos.

_____

_____

_____

Repaso de la lección

1. ¿Qué describe este ángulo? Escribe *ángulo recto, menor que un ángulo recto* o *mayor que un ángulo recto.*

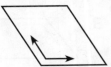

_____

_____

2. ¿Cuántos ángulos rectos tiene esta figura?

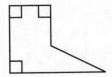

Repaso en espiral

3. ¿Qué fracción del grupo está sombreada?

_____

4. Compara.

$$\frac{4}{8} \bigcirc \frac{3}{8}$$

5. ¿Qué es recto, continúa en ambas direcciones y no tiene fin?

_____

6. ¿Cuántos segmentos tiene esta figura?

_____

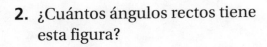

PRACTICA MÁS CON EL
Entrenador personal
en matemáticas

Identificar polígonos

Pregunta esencial ¿Cómo puedes usar segmentos y ángulos para formar polígonos?

Objetivo de aprendizaje Usarás segmentos y ángulos para nombrar y describir polígonos al decir cuántos lados y cuántos ángulos tiene una figura.

CONECTAR En lecciones anteriores, aprendiste sobre segmentos y ángulos. En esta lección, verás cómo los segmentos y los ángulos forman polígonos.

Un **polígono** es una figura plana cerrada formada por segmentos que se tocan solamente en sus extremos. Cada segmento de un polígono es un **lado.**

> **Idea matemática**
> Todos los polígonos son figuras cerradas. Pero no todas las figuras cerradas son polígonos.

Soluciona el problema

Encierra en un círculo todas las palabras que describen la figura.

A 	**B**	**C** 	**D** 
figura plana	figura plana	figura plana	figura plana
figura abierta	figura abierta	figura abierta	figura abierta
figura cerrada	figura cerrada	figura cerrada	figura cerrada
caminos curvos	caminos curvos	caminos curvos	caminos curvos
segmentos	segmentos	segmentos	segmentos
polígono	polígono	polígono	polígono

¡Inténtalo!

Completa las oraciones con a *veces, siempre* o *nunca.*

Los polígonos _____ son figuras planas.

Los polígonos _____ son figuras cerradas.

Los polígonos _____ son figuras abiertas.

Las figuras planas _____ son polígonos.

> **Charla matemática**
>
> PRÁCTICAS Y PROCESOS MATEMÁTICOS ②
>
> **Razona de forma abstracta** ¿Por qué no todas las figuras cerradas son polígonos?

Nombrar polígonos Los polígonos se nombran según el número de lados y de ángulos que tienen.

Algunas señales de tránsito tienen forma de polígono. ¿Qué polígono es la señal de pare que está a la derecha?

ángulo

lado → **PARE**

🔑 **Cuenta el número de lados y de ángulos.**

triángulo	cuadrilátero	pentágono
3 lados	4 lados	_____ lados
3 ángulos	_____ ángulos	5 ángulos

hexágono	octágono	decágono
_____ lados	8 lados	_____ lados
6 ángulos	_____ ángulos	10 ángulos

¿Cuántos lados tiene una señal de pare? _____

¿Cuántos ángulos tiene? _____

Entonces, la señal de pare tiene forma de _____.

Charla matemática

PRÁCTICAS Y PROCESOS MATEMÁTICOS ⑧

Generaliza Compara el número de lados y de ángulos. ¿Puedes dar un enunciado verdadero sobre todos los polígonos?

Comparte y muestra

1. La figura que está a la derecha es un polígono. Encierra en un círculo todas las palabras que describen la figura.

figura plana   figura abierta   figura cerrada   pentágono

trayectoria curva   segmentos   hexágono   cuadrilátero

710

Nombre _____

¿Es la figura un polígono? Escribe *sí* o *no*.

2.

_____

3.

_____

4.

_____

Escribe el número de lados y el número de ángulos. Luego escribe el nombre del polígono.

Charla matemática

PRÁCTICAS Y PROCESOS MATEMÁTICOS ❸

Aplica ¿Cómo puedes cambiar la figura en el Ejercicio 4 para convertirla en un polígono?

5.

Ceda el paso

_____ lados

_____ ángulos

_____

6.

_____ lados

_____ ángulos

_____

7.

_____ lados

_____ ángulos

_____

Por tu cuenta

¿Es la figura un polígono? Escribe *sí* o *no*.

8.

_____

9.

_____

10.

_____

Escribe el número de lados y el número de ángulos. Luego escribe el nombre del polígono.

11.

_____ lados

_____ ángulos

_____

12.

_____ lados

_____ ángulos

_____

13.

_____ lados

_____ ángulos

_____

Resolución de problemas • Aplicaciones

14. **ESCRIBE** ▸ *Matemáticas* Jake dice que las Figuras *A* a *E* son todas polígonos. ¿Tiene sentido este enunciado? Explica tu respuesta.

_____

_____

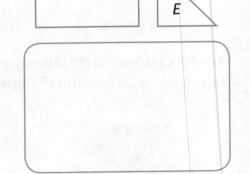

15. **MÁS AL DETALLE** Soy una figura cerrada formada por 6 segmentos. Tengo 2 ángulos menores que un ángulo recto y ningún ángulo recto. ¿Qué figura soy? Dibuja un ejemplo en el área de trabajo.

_____

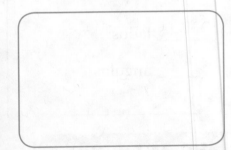

16. **PIENSA MÁS** ¿Son todas las figuras cerradas polígonos? Usa un dibujo como ayuda para explicar tu respuesta.

_____

_____

_____

17. **PRÁCTICAS Y PROCESOS MATEMÁTICOS ❸** **Argumenta** Iván dice que la figura que está a la derecha es un octágono. ¿Estás de acuerdo?

Explícalo. _____

_____

18. **PIENSA MÁS** En los ejercicios 18a a 18d, elige Verdadero o Falso para cada descripción de esta figura.

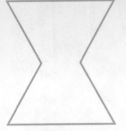

18a.	polígono	○ Verdadero	○ Falso
18b.	figura abierta	○ Verdadero	○ Falso
18c.	hexágono	○ Verdadero	○ Falso
18d.	pentágono	○ Verdadero	○ Falso

Identificar polígonos

Objetivo de aprendizaje Usarás segmentos y ángulos para nombrar y describir polígonos al decir cuántos lados y cuántos ángulos tiene una figura.

¿Es la figura un polígono? Escribe *sí* o *no*.

1.

___no___

2.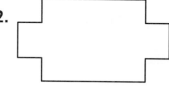

_____

Escribe el número de lados y el número de ángulos.
Luego escribe el nombre del polígono.

3.

_____ lados

_____ ángulos

_____

4.

_____ lados

_____ ángulos

_____

Resolución de problemas

5. El Sr. Murphy tiene una moneda antigua de diez lados. Si su figura es un polígono, ¿cuántos ángulos tiene la moneda antigua?

_____

6. Lin dice que un octágono tiene seis lados. Chris dice que tiene ocho lados. ¿Cuál de los enunciados es el correcto?

_____

7. **ESCRIBE** ▸*Matemáticas* Dibuja un pentágono. Explica cómo sabes el número de lados y ángulos que debes dibujar.

_____

_____

Repaso de la lección

1. ¿Cuál es el nombre de este polígono?

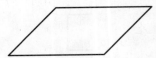

_____

2. ¿Cuántos lados tiene este polígono?

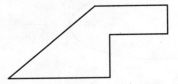

_____

Repaso en espiral

3. ¿Cuántos ángulos rectos tiene esta figura?

_____

4. Érica tiene 8 collares. Un cuarto de los collares son azules. ¿Cuántos collares son azules?

_____

5. ¿Qué es recto, es parte de una recta y tiene 2 extremos?

_____

6. ¿Qué describe este ángulo? Escribe *ángulo recto, menor que un ángulo recto* o *mayor que un ángulo recto*.

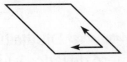

_____

PRACTICA MÁS CON EL
Entrenador personal
en matemáticas

Nombre _____

Describir los lados de los polígonos

Pregunta esencial ¿Cómo puedes describir los segmentos que forman los lados de un polígono?

Objetivo de aprendizaje Describirás segmentos que son lados de un polígono y determinarás si dichos segmentos parecen ser secantes, perpendiculares o paralelos.

Soluciona el problema

Observa el polígono. ¿Cuántos pares de lados son paralelos?

- ¿Cómo sabes que la figura es un polígono?

_____

_____

TIPOS DE RECTAS	**TIPOS DE SEGMENTOS**
Las rectas que se cruzan o se tocan son **rectas secantes**. Las rectas secantes forman ángulos. 	Los segmentos anaranjado y azul se tocan y forman un ángulo. Entonces, son _____.
Las rectas secantes que al cruzarse o tocarse forman ángulos rectos son **rectas perpendiculares.** 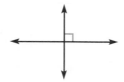	Los segmentos rojo y azul se tocan y forman un ángulo recto. Entonces, son _____.
Las rectas que nunca se cruzan ni se tocan y siempre se encuentran separadas por la misma distancia son **rectas paralelas**. No forman ningún ángulo. 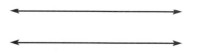	Los segmentos verde y azul nunca se cruzarán ni se tocarán. Siempre estarán separados por la misma distancia. Entonces, son _____.

Entonces, el polígono de arriba tiene _____ par(es) de lados paralelos.

Charla matemática

PRÁCTICAS Y PROCESOS MATEMÁTICOS ②

Usa el razonamiento ¿Por qué las rectas paralelas nunca se cruzan?

© Houghton Mifflin Harcourt Publishing Company

Capítulo 12   715

¡Inténtalo! Dibuja un polígono que tenga 1 solo par de lados paralelos. Luego dibuja un polígono que tenga 2 pares de lados paralelos. Dibuja cada par de lados paralelos con un color diferente.

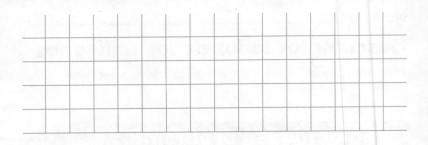

Comparte y muestra

1. ¿Qué lados son paralelos?

_____

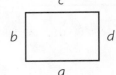

Piensa: ¿Qué pares de lados están separados por la misma distancia?

Observa los lados verdes del polígono. Indica si son *secantes, perpendiculares* o *paralelos*. Escribe todas las palabras que describen los lados.

2.

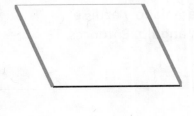

_____

_____

✓**3.**

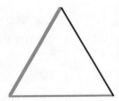

_____

_____

✓**4.**

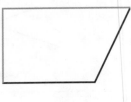

_____

_____

Por tu cuenta

Observa los lados verdes del polígono. Indica si son *secantes, perpendiculares* o *paralelos*. Escribe todas las palabras que describen los lados.

Charla matemática PRÁCTICAS Y PROCESOS MATEMÁTICOS ⑥

Compara ¿En qué se parecen y en qué se diferencian las rectas secantes y las rectas perpendiculares?

5.

_____

_____

6.

_____

_____

7.

_____

_____

Nombre _____

**Usa los patrones de figuras geométricas _A_ a _E_
para responder las Preguntas 8 a 11.**

Chelsea quiere clasificar patrones de figuras
geométricas según el tipo de lados.

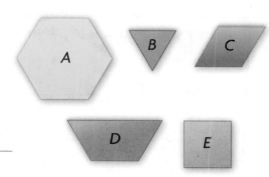

8. ¿Qué patrones de figuras geométricas tienen
lados secantes?

_____

9. ¿Qué patrones de figuras geométricas tienen lados
paralelos?

_____

10. ¿Qué patrones de figuras geométricas tienen lados
perpendiculares?

_____

11. ¿Qué patrones de figuras geométricas no tienen
ni lados paralelos ni perpendiculares?

_____

12. **MÁS AL DETALLE** ¿Cuántos pares de aristas son segmentos
perpendiculares en la caja de la derecha?

_____

13. **PIENSA MÁS** ¿Pueden dos rectas ser
paralelas, perpendiculares y secantes
al mismo tiempo? Explica tu respuesta.

_____

_____

_____

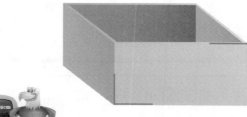

▲ Los segmentos rojos
muestran 1 par de
segmentos perpendiculares.

⚷ Soluciona el problema

14. **(PRÁCTICAS Y PROCESOS MATEMÁTICOS ❸)** **Compara representaciones** Soy un patrón de figura geométrica que tiene 2 lados menos que un hexágono. Tengo 2 pares de lados paralelos y 4 ángulos rectos. ¿Qué figura soy?

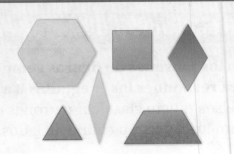

a. ¿Qué debes hallar? _____

_____

b. ¿Cómo puedes resolver el acertijo? _____

_____

c. Escribe *sí* o *no* en la tabla para resolver el acertijo.

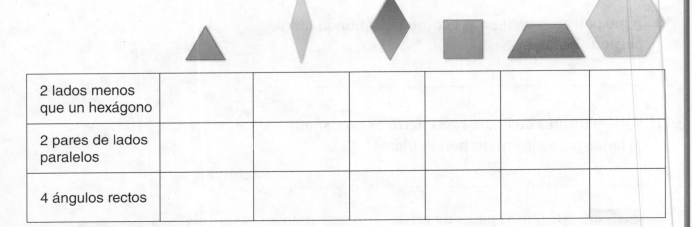

2 lados menos que un hexágono						
2 pares de lados paralelos						
4 ángulos rectos						

Entonces, el _____ es la figura.

---

15. **PIENSA MÁS** Elige las figuras que tienen al menos un par de lados paralelos. Marca todas las opciones que correspondan.

Ⓐ

Ⓒ

Ⓑ

Ⓓ

Nombre _____

Describir los lados de los polígonos

Objetivo de aprendizaje Describirás segmentos que son lados de un polígono y determinarás si dichos segmentos parecen ser secantes, perpendiculares o paralelos.

Observa los lados discontinuos del polígono. Indica si son *secantes, perpendiculares* o *paralelos*. Escribe todas las palabras que describen los lados.

1.

_____paralelos_____

2.

_____

3.

_____

4.

_____

5.

_____

6.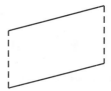

_____

Resolución de problemas En el mundo

Usa las figuras *A* a *D* para resolver los Problemas 7 y 8.

7. ¿Qué figuras tienen lados paralelos?

_____

8. ¿Qué figuras tienen lados perpendiculares?

_____

9. **ESCRIBE** ▸*Matemáticas* Escribe algunos ejemplos de rectas perpendiculares dentro o fuera del salón de clases.

_____

_____

Repaso de la lección

1. ¿Cuántos pares de lados paralelos tiene el cuadrilátero?

2. ¿Qué lados son paralelos?

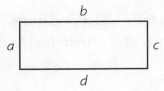

Repaso en espiral

3. El maestro Lance diseñó un cartel para la clase con la forma del polígono que se muestra abajo. ¿Cuál es el nombre del polígono?

4. ¿Cuántos ángulos mayores que un ángulo recto tiene la figura?

5. ¿Cuántos segmentos tiene esta figura?

6. ¿Qué fracción indica la parte sombreada?

PRACTICA MÁS CON EL
Entrenador personal
en matemáticas

Revisión de la mitad del capítulo

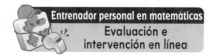
Entrenador personal en matemáticas
Evaluación e
intervención en línea

Vocabulario

Elige el término del recuadro que mejor corresponda para completar la oración.

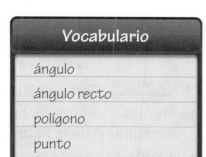

Vocabulario
ángulo
ángulo recto
polígono
punto

1. Un _____ está formado por dos semirrectas que comparten un extremo. (pág. 703)

2. Un _____ es una figura cerrada formada por segmentos. (pág. 709)

3. Un _____ forma una esquina cuadrada. (pág. 703)

Conceptos y destrezas

Con la ayuda de la esquina de una hoja de papel, indica si el ángulo es un *ángulo recto*, *menor que un ángulo recto* o *mayor que un ángulo recto*.

4.

_____

5.
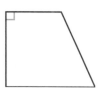

_____

6.

_____

Escribe el número de lados y el número de ángulos. Luego escribe el nombre del polígono.

7.
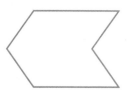

_____ lados

_____ ángulos

_____

8.
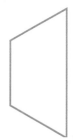

_____ lados

_____ ángulos

_____

9.

_____ lados

_____ ángulos

_____

10. Anne dibujó la figura de la derecha. ¿Es su figura abierta o cerrada?

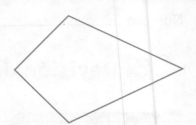

_____

11. MÁS AL DETALLE Esta señal indica a los conductores que más adelante hay una pendiente. Escribe el número de lados y el número de ángulos de la figura de la señal. Luego nombra la figura.

_____

12. ¿Por qué esta figura cerrada NO es un polígono?

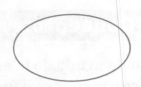

_____

_____

13. Sergio dibujó una figura que tiene 2 lados menos que un octágono. ¿Qué figura dibujó?

_____

14. John dibujó un polígono que tiene dos segmentos que, al tocarse, forman un ángulo recto. Encierra en un círculo las palabras que describen los segmentos.

secantes

curvos

paralelos

perpendiculares

Clasificar cuadriláteros

Nombre _____

Pregunta esencial ¿Cómo puedes usar los lados y los ángulos de un cuadrilátero para describirlo?

Objetivo de aprendizaje Describirás, clasificarás y compararás cuadriláteros al basarte en sus atributos.

🔑 Soluciona el problema *En el mundo*

Los cuadriláteros reciben un nombre según sus lados y sus ángulos.

Describe los cuadriláteros.

cuadrilátero

_____ lados

_____ ángulos

> **⚠ Para evitar errores**
> Algunos cuadriláteros no pueden clasificarse como trapecios, rectángulos, cuadrados ni rombos.

trapecio

por lo menos _____ par de lados opuestos paralelos

La longitud de los lados puede ser la misma.

rectángulo	**cuadrado**	**rombo**
_____ pares de lados opuestos paralelos	_____ pares de lados opuestos paralelos	_____ pares de lados opuestos paralelos
_____ pares de lados de la misma longitud	_____ lados de la misma longitud	_____ lados de la misma longitud
_____ ángulos rectos	_____ ángulos rectos	

Charla matemática PRÁCTICAS Y PROCESOS MATEMÁTICOS ⑧

Generaliza ¿Por qué se puede decir que un cuadrado también es un rectángulo o un rombo?

© Houghton Mifflin Harcourt Publishing Company

Observa el cuadrilátero que está a la derecha.

1. Dibuja el contorno de cada par de lados opuestos paralelos con un color diferente. ¿Cuántos pares de lados opuestos son paralelos? _____

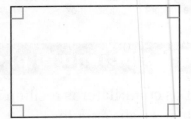

2. Observa los lados paralelos que coloreaste.

   Los lados de cada par son de _____ longitud.

Piensa: Todos los ángulos son ángulos rectos.

3. Escribe el nombre del cuadrilátero de tantas formas como puedas. _____

Encierra en un círculo todas las palabras que describen el cuadrilátero.

4.

rectángulo

rombo

cuadrado

trapecio

5.

rombo

cuadrilátero

cuadrado

rectángulo

6.

rectángulo

rombo

trapecio

cuadrilátero

Por tu cuenta

Charla matemática

Analiza ¿Por qué un rombo puede no ser un cuadrado?

Encierra en un círculo todas las palabras que describen el cuadrilátero.

7.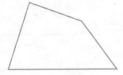

rectángulo

trapecio

cuadrilátero

rombo

8.

rectángulo

rombo

trapecio

cuadrado

9.

cuadrilátero

cuadrado

rectángulo

rombo

Nombre _____

Resolución de problemas • Aplicaciones

Usa los cuadriláteros que están a la derecha para responder las Preguntas 10 a 12.

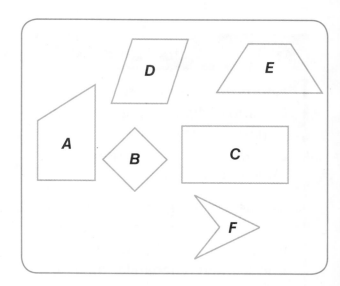

10. ¿Qué cuadriláteros tienen 4 ángulos rectos?

_____

11. ¿Qué cuadriláteros tienen 2 pares de lados opuestos paralelos?

_____

12. ¿Qué cuadriláteros no tienen ángulos rectos?

_____

Escribe *todos* o *algunos* para completar las oraciones 13 a 18.

13. Los lados opuestos de _____ (los) rectángulos son paralelos.

14. _____ (los) lados de un rombo tienen la misma longitud.

15. _____ (los) cuadrados son rectángulos.

16. _____ (los) rombos son cuadrados.

17. _____ (los) cuadriláteros son polígonos.

18. _____ (los) polígonos son cuadriláteros.

19.  Encierra en un círculo la figura de la derecha que no es un cuadrilátero. **Explica** tu elección.

_____

_____

_____

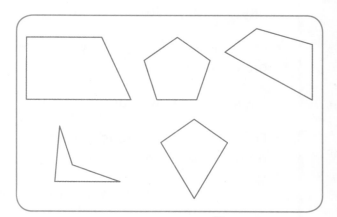

20. PIENSA MÁS   Soy un polígono que tiene 4 lados y 4 ángulos. Por lo menos uno de mis ángulos es menor que un ángulo recto. Encierra en un círculo todas las figuras que podría ser.

cuadrilátero   rectángulo   cuadrado   rombo   trapecio

21. **PIENSA MÁS**   Identifica el cuadrilátero que puede tener dos pares de lados paralelos y no tiene ángulos rectos.

(A) rombo   (B) cuadrado   (C) trapecio

Conectar con la Lectura

Compara y contrasta

Cuando *comparas*, piensas en qué se parecen las cosas. Cuando *contrastas*, piensas en qué se diferencian las cosas.

El maestro Briggs dibujó figuras en el pizarrón. Pidió a la clase que indicara en qué se parecían y en qué se diferenciaban las figuras.

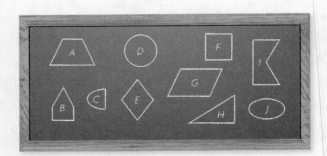

MÁS AL DETALLE   Completa las oraciones.

- Las figuras _____, _____, _____, _____, _____, _____ e _____ son polígonos.

- Las figuras _____, _____ y _____ no son polígonos.

- Las figuras _____, _____, _____ y _____ son cuadriláteros.

- Las figuras _____, _____ e _____ tienen 1 solo par de lados opuestos paralelos.

- Las figuras _____, _____ y _____ tienen 2 pares de lados opuestos paralelos.

- Los 4 lados de las figuras _____ y _____ tienen la misma longitud.

- En estos polígonos, todos los lados no tienen la misma longitud. _____

- Podemos decir que estas figuras son rombos. _____

- Las figuras _____ y _____ son cuadriláteros, pero no podemos decir que son rombos.

- La figura _____ es un rombo y también podemos decir que es un cuadrado.

Clasificar cuadriláteros

Objetivo de aprendizaje Describirás, clasificarás y compararás cuadriláteros al basarte en sus atributos.

Encierra en un círculo todas las palabras que describen el cuadrilátero.

1.

   (cuadrado)

   (rectángulo)

   (rombo)

   (trapecio)

2.

   cuadrado

   rectángulo

   rombo

   trapecio

3.

   cuadrado

   rectángulo

   rombo

   trapecio

Usa los siguientes cuadriláteros para resolver los Ejercicios 4 a 6.

4. ¿Qué cuadriláteros no tienen ángulos rectos?

   _____

5. ¿Qué cuadriláteros tienen 4 ángulos rectos?

   _____

6. ¿Qué cuadriláteros tienen 4 lados de igual longitud?

   _____

Resolución de problemas

7. Un dibujo en la pared del salón de clases de Jeremy tiene 4 ángulos rectos, 4 lados de igual longitud y 2 pares de lados opuestos que son paralelos. ¿Qué cuadrilátero describe mejor el dibujo?

   _____

8. **ESCRIBE** ▸ *Matemáticas* Explica cómo un trapecio y un rectángulo son diferentes.

   _____

   _____

Repaso de la lección

1. ¿Qué palabra describe el cuadrilátero?

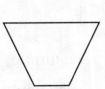

_____

2. ¿Qué cuadriláteros tienen 2 pares de lados opuestos que son paralelos?

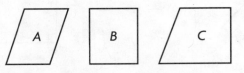

_____

Repaso en espiral

3. Aiden dibujó el polígono que se muestra abajo. ¿Cuál es el nombre del polígono que dibujó?

_____

4. ¿Cuántos pares de lados paralelos tiene esta figura?

_____

5. ¿Qué palabra describe los lados discontinuos de la figura que se muestra abajo?

_____

6. ¿Cuántos ángulos rectos tiene esta figura?

_____

PRACTICA MÁS CON EL
Entrenador personal en matemáticas

Nombre _____

Trazar cuadriláteros

Pregunta esencial ¿Cómo puedes trazar cuadriláteros?

Objetivo de aprendizaje Usarás papel cuadriculado para trazar y nombrar cuadriláteros, luego trazarás polígonos que no pertenecen al conjunto de los cuadriláteros y explicarás por qué.

🔑 Soluciona el problema

CONECTAR Has aprendido a clasificar cuadriláteros según el número de pares de lados opuestos paralelos, según el número de pares de lados de la misma longitud y según el número de ángulos rectos.

¿Cómo puedes trazar cuadriláteros?

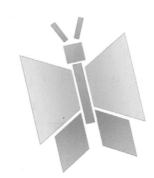

🔓 Actividad 1 Usa papel cuadriculado para trazar cuadriláteros.

Materiales ▪ regla

• Usa una regla para trazar segmentos del punto *A* al *B*, del *B* al *C*, del *C* al *D* y del *D* al *A*.

• Escribe el nombre del cuadrilátero.

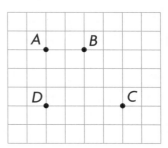

_____

🔓 Actividad 2 Traza una figura que no pertenezca.

Materiales ▪ regla

Ⓐ **Aquí hay tres ejemplos de cuadriláteros. Traza un ejemplo de un polígono que no sea un cuadrilátero.**

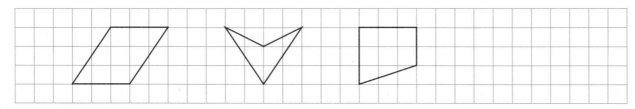

• Explica por qué tu polígono no es un cuadrilátero.

_____

_____

B Aquí hay tres ejemplos de cuadrados.
Traza un cuadrilátero que no sea un cuadrado.

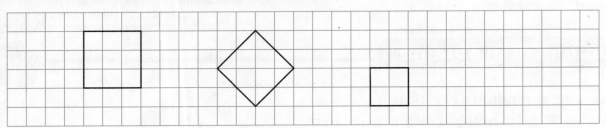

• Explica por qué tu cuadrilátero no es un cuadrado.

_____

_____

C Aquí hay tres ejemplos de rectángulos.
Traza un cuadrilátero que no sea un rectángulo.

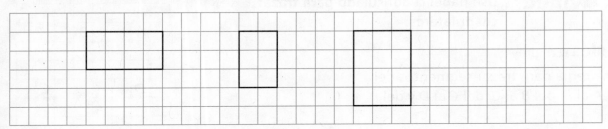

• Explica por qué tu cuadrilátero no es un rectángulo.

_____

_____

D Aquí hay tres ejemplos de rombos.
Traza un cuadrilátero que no sea un rombo.

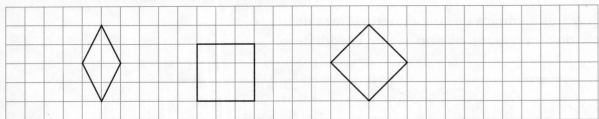

• Explica por qué tu cuadrilátero no es un rombo.

Charla matemática

PRÁCTICAS Y PROCESOS MATEMÁTICOS ③

Compara representaciones
Compara tus dibujos con los de tus compañeros. Explica en qué se parecen y en qué se diferencian los dibujos.

_____

_____

© Houghton Mifflin Harcourt Publishing Company

Nombre _____

Comparte y muestra

1. Elige cuatro extremos que puedas conectar para formar un rectángulo.

> **Piensa:** Un rectángulo tiene 2 pares de lados opuestos paralelos, 2 pares de lados de la misma longitud y 4 ángulos rectos.

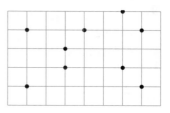

Traza el cuadrilátero descrito. Escribe el nombre del cuadrilátero que trazaste.

2. 2 pares de lados iguales

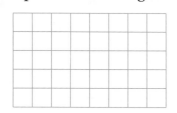

Nombre _____

3. 4 lados de la misma longitud

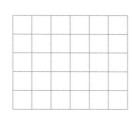

Nombre _____

> **Charla matemática**
>
> PRÁCTICAS Y PROCESOS MATEMÁTICOS 6
>
> **Compara** un aspecto en el que los cuadriláteros que trazaste se parecen y un aspecto en el que se diferencian.

Por tu cuenta

Práctica: Copia y resuelve Traza el cuadrilátero descrito en papel cuadriculado. Escribe el nombre del cuadrilátero que trazaste.

4. exactamente 1 par de lados opuestos paralelos

5. 4 ángulos rectos

6. 2 pares de lados de la misma longitud

Traza un cuadrilátero que no pertenezca. Luego explica por qué.

7.

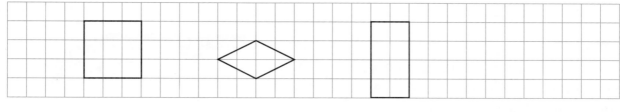

_____

8.

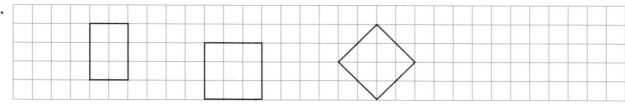

_____

Resolución de problemas • Aplicaciones

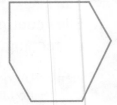

9. **(PRÁCTICAS Y PROCESOS MATEMÁTICOS ③) Argumenta** Jacki trazó la figura que está a la derecha. Dijo que es un rectángulo porque tiene 2 pares de lados opuestos paralelos. Describe su error.

_____

_____

10. **MÁS AL DETALLE** Adam trazó tres cuadriláteros. Un cuadrilátero no tenía ningún par de lados paralelos, otro cuadrilátero tenía 1 par de lados opuestos paralelos y el último cuadrilátero tenía 2 pares de lados opuestos paralelos. Traza los tres cuadriláteros que pudo haber trazado Adam. Escribe el nombre de los cuadriláteros.

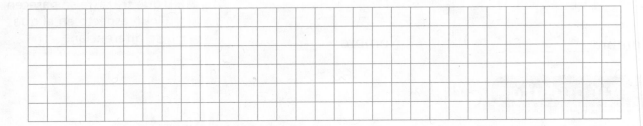

_____   _____   _____

11. **PIENSA MÁS** Amy tiene 4 pajillas de la misma longitud. Escribe el nombre de los cuadriláteros que pueden formarse con esas 4 pajillas. _____ Amy corta una de las pajillas por la mitad. Usa las dos mitades y dos de las otras pajillas para formar un cuadrilátero. Escribe el nombre de un cuadrilátero que puede formarse usando esas 4 pajillas.

_____

12. **PIENSA MÁS +** Jordán trazó un lado de un cuadrilátero con 2 pares de lados opuestos paralelos. Traza los otros 3 lados para completar el cuadrilátero de Jordán.

Entrenador personal en matemáticas

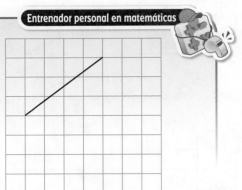

Trazar cuadriláteros

Objetivo de aprendizaje Usarás papel cuadriculado para trazar y nombrar cuadriláteros, luego trazarás polígonos que no pertenecen al conjunto de los cuadriláteros y explicarás por qué.

Traza el cuadrilátero descrito. Escribe el nombre del cuadrilátero que trazaste.

1. 4 lados de igual longitud

cuadrado o rombo

2. 1 par de lados opuestos que son paralelos

**Traza un cuadrilátero que no pertenezca al grupo.
Luego explica por qué no pertenece.**

3.

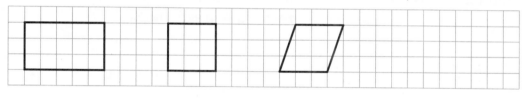

_____

_____

_____

Resolución de problemas

4. Layla trazó un cuadrilátero con 4 ángulos rectos y 2 pares de lados opuestos paralelos. Indica el cuadrilátero que mejor describe su dibujo.

_____

_____

5. ESCRIBE ▸ *Matemáticas* Dibuja un cuadrilátero que NO sea un rectángulo. Describe tu figura y explica por qué no es un rectángulo.

Repaso de la lección

1. Chloe trazó un cuadrilátero con 2 pares de lados opuestos paralelos. Nombra una figura que pueda ser el cuadrilátero de Chloe.

_____

_____

2. Mike trazó un cuadrilátero con cuatro ángulos rectos. ¿Qué figura pudo haber trazado?

_____

_____

Repaso en espiral

3. ¿Qué nombre tiene el cuadrilátero que siempre tiene 4 ángulos rectos y 4 lados de igual longitud?

_____

4. Mark trazó dos rectas que forman un ángulo recto. ¿Qué palabra describe las rectas que trazó Mark?

_____

5. Dennis trazó un rectángulo en papel cuadriculado. ¿Cuál es el perímetro del rectángulo que trazó Dennis?

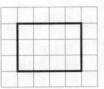

_____

6. Jill trazó un rectángulo en papel cuadriculado. ¿Cuál es el área del rectángulo que trazó Jill?

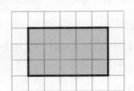

_____

PRACTICA MÁS CON EL
Entrenador personal en matemáticas

Nombre _____

Describir triángulos

Pregunta esencial ¿Cómo puedes usar los lados y los ángulos de un triángulo para describirlo?

Objetivo de aprendizaje Representarás, describirás y compararás triángulos basándote en la cantidad de lados del mismo largo y en el tipo de ángulos que tengan.

Soluciona el problema En el mundo

¿Cómo puedes usar pajillas de longitudes diferentes para formar triángulos?

Actividad Materiales ■ pajillas ■ tijeras ■ tablero de matemáticas

PASO 1 Corta las pajillas en longitudes diferentes.

PASO 2 Halla trozos de pajillas con los que puedas formar un triángulo. Dibuja tu triángulo en la el tablero de matemáticas.

PASO 3 Halla trozos de pajillas con los que no puedas formar un triángulo.

1. Compara la longitud de los lados. Describe cuándo es posible formar un triángulo.

_____
_____

 PRÁCTICAS Y PROCESOS MATEMÁTICOS ❷
Razona de forma abstracta ¿Qué pasaría si tuvieras tres pajillas de la misma longitud? ¿Podrías formar un triángulo?

2. **PRÁCTICAS Y PROCESOS MATEMÁTICOS ❶** **Describe** cuándo no es posible formar un triángulo.

_____
_____
_____

3. Explica cómo puedes cambiar los trozos de pajillas del Paso 3 para formar un triángulo. _____

_____

Maneras de describir triángulos

¿De qué dos maneras se pueden describir los triángulos?

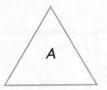 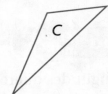

🔑 De una manera

Los triángulos se pueden describir según el número de lados de la misma longitud.

Dibuja una línea para emparejar cada triángulo con su descripción.

 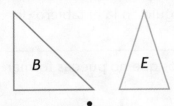 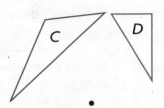

Ninguno de los lados tiene la misma longitud.

Dos de los lados tienen la misma longitud.

Tres de los lados tienen la misma longitud.

🔑 De otra manera

Los triángulos se pueden describir según el tipo de ángulos que tengan.

Dibuja una línea para emparejar cada triángulo con su descripción.

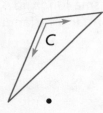  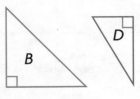

Uno de los ángulos es un ángulo recto.

Uno de los ángulos es mayor que un ángulo recto.

Los tres ángulos son menores que un ángulo recto.

Charla matemática

PRÁCTICAS Y PROCESOS MATEMÁTICOS ②

Razona ¿Puede un triángulo tener dos ángulos rectos?

Nombre _____

1. Indica la cantidad de lados de la misma longitud que tiene el triángulo.

_____

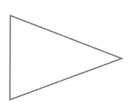

Usa los triángulos para resolver los ejercicios 2 a 4. Escribe *F, G* o *H*.

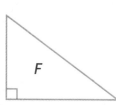 

2. El triángulo _____ tiene 1 ángulo recto.

3. El triángulo _____ tiene 1 ángulo mayor que un ángulo recto.

4. El triángulo _____ tiene 3 ángulos menores que un ángulo recto.

> **Charla matemática**
>
> PRÁCTICAS Y PROCESOS MATEMÁTICOS **8**
>
> **Generaliza** Explica las maneras en las que puedes describir un triángulo

Por tu cuenta

Usa los triángulos para resolver los ejercicios 5 a 7. Escribe *K, L* o *M*. Luego completa las oraciones.

 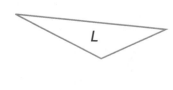 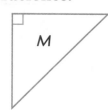

5. El triángulo _____ tiene 1 ángulo recto y _____ lados

de la misma longitud.

6. El triángulo _____ tiene 3 ángulos menores que un

ángulo recto y _____ lados de la misma longitud.

7. El triángulo _____ tiene 1 ángulo mayor que un ángulo recto y

_____ lados de la misma longitud.

Resolución de problemas • Aplicaciones En el mundo

8. **PRÁCTICAS Y PROCESOS MATEMÁTICOS ①** **Entiende los problemas** Martín dijo que un triángulo puede tener dos lados paralelos. ¿Tiene sentido su afirmación? Explícalo.

_____

_____

9. **MÁS AL DETALLE** Compara los triángulos _R_ y _S_. ¿En qué se parecen? ¿En qué se diferencian?

_____

_____

_____

 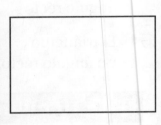

10. **PIENSA MÁS** Usa una regla para dibujar una línea recta desde una esquina de este rectángulo hasta la esquina opuesta. ¿Qué figuras formaste? ¿Qué puedes decir de las figuras?

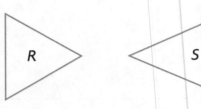

_____

_____

11. **PIENSA MÁS** Escribe los nombres de cada triángulo en el lugar de la tabla donde pertenece. Es posible que algunos triángulos deban ubicarse a ambos lados de la tabla y que otros no pertenezcan a ningún lado.

Tiene un ángulo recto	Tiene por lo menos 2 lados de igual longitud

Describir triángulos

Objetivo de aprendizaje Representarás, describirás y compararás triángulos basándote en la cantidad de lados del mismo largo y en el tipo de ángulos que tengan.

Usa los triángulos para resolver los Ejercicios 1 a 3. Escribe *A*, *B* o *C*. Luego completa las oraciones.

1. El triángulo ___*B*___ tiene 3 ángulos menores que un

ángulo recto y tiene ___3___ lados de igual longitud.

2. El triángulo _____ tiene 1 ángulo recto y tiene

_____ lados de igual longitud.

3. El triángulo _____ tiene 1 ángulo mayor que un

ángulo recto y tiene _____ lados de igual longitud.

Resolución de problemas En el mundo

4. Matthew dibujó la parte posterior de su tienda de campaña. ¿Cuántos lados tienen igual longitud?

_____

5. Susan hizo el marco triangular que se muestra abajo. ¿Cuántos ángulos son mayores que un ángulo recto?

_____

6. ▐ESCRIBE ▶ *Matemáticas* Dibuja un triángulo que tenga dos lados de igual longitud y un ángulo recto.

_____

_____

Repaso de la lección

1. ¿Cuántos ángulos menores que un ángulo recto tiene este triángulo?

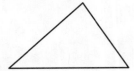

_____

2. ¿Cuántos lados de igual longitud tiene este triángulo?

_____

Repaso en espiral

3. Un cuadrilátero tiene 4 ángulos rectos, 2 pares de lados de igual longitud y 2 pares de lados opuestos paralelos. Los pares de lados opuestos no tienen la misma longitud. ¿Qué cuadrilátero podría ser?

_____

_____

4. Matías trazó un cuadrilátero con solo un par de lados opuestos que son paralelos. ¿Qué cuadrilátero trazó Matías?

_____

_____

5. ¿Cuál es la longitud de los lados de un rectángulo que tiene un área de 8 unidades cuadradas y un perímetro de 12 unidades?

6. ¿Qué fracción del cuadrado está sombreada?

_____

_____

PRACTICA MÁS CON EL
Entrenador personal
en matemáticas

Nombre _____

Resolución de problemas • Clasificar figuras planas

Pregunta esencial ¿Cómo puedes usar la estrategia de *hacer un diagrama* para clasificar figuras planas?

Objetivo de aprendizaje Usarás la estrategia *hacer un diagrama* para clasificar figuras planas, al usar un diagrama de Venn en el que se colocarn figuras que comparten atributos en cada categoría y determinarás cuáles figuras caben en el sector donde se superponen los círculos.

Soluciona el problema *En el mundo*

En un **diagrama de Venn,** se muestra la relación que hay entre conjuntos de cosas. En el diagrama de Venn que está a la derecha, uno de los círculos encierra figuras que son rectángulos. En el otro círculo hay figuras que son rombos. Las figuras que están en el sector donde se superponen los círculos son rectángulos y rombos.

¿Qué tipo de cuadrilátero hay en ambos círculos?

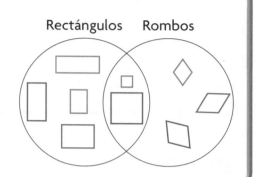

Rectángulos   Rombos

Lee el problema	**Resuelve el problema**
¿Qué debo hallar? _____ _____	¿Qué tienen en común todos los cuadriláteros? _____ ¿Qué cuadriláteros tienen 2 pares de lados opuestos paralelos? _____
¿Qué información debo usar? los círculos rotulados _____ y _____	¿Qué cuadriláteros tienen 4 lados de igual longitud? _____ ¿Qué cuadriláteros tienen 4 ángulos rectos? _____
¿Cómo usaré la información? _____ _____ _____	Los cuadriláteros que están en el sector donde se superponen los círculos tienen _____ pares de lados opuestos paralelos, _____ lados de la misma longitud y _____ ángulos rectos. Entonces, hay _____ en ambos círculos.

Charla matemática

PRÁCTICAS Y PROCESOS MATEMÁTICOS ①

Entiende los problemas
¿Pertenece un △ al diagrama de Venn? Explícalo.

Capítulo 12   741

🔑 Haz otro problema

En el diagrama de Venn se muestran las figuras que usó Andrea para hacer un dibujo. ¿En qué sector del diagrama de Venn debería colocarse la figura que se muestra a continuación?

Cuadriláteros   Polígonos con ángulos rectos

Lee el problema	Resuelve el problema
¿Qué debo hallar?	**Anota los pasos que seguiste para resolver el problema.**
¿Qué información debo usar?	
¿Cómo usaré la información?	

1. ¿Cuántas figuras no tienen ángulos rectos?

_____

2. ¿Cuántas figuras rojas tienen ángulos rectos pero

no son cuadriláteros? _____

3. PRÁCTICAS Y PROCESOS MATEMÁTICOS ② **Razonamiento abstracto** ¿De qué otra manera se pueden clasificar las figuras?

_____

_____

Charla matemática

PRÁCTICAS Y PROCESOS MATEMÁTICOS ①

Entiende los problemas ¿Qué nombre puede usarse para describir todas las figuras que están en el diagrama de Venn? Explica cómo lo sabes.

742

Nombre _____

Comparte y muestra

Usa el diagrama de Venn para resolver los Ejercicios 1 a 3.

1. Jordán está clasificando las figuras de la derecha en un diagrama de Venn. ¿Dónde va el ◇ ?

   Primero, observa los lados y los ángulos de los polígonos.

   Luego, dibuja los polígonos dentro del diagrama de Venn.

   La figura tiene _____ lados de la misma longitud

   y _____ ángulos rectos.

   Entonces, la figura va en el

   _____

2. ¿Dónde colocarías un ▱ ?

   _____

3. ¿Qué pasaría si Jordán clasificara las figuras en Polígonos con ángulos rectos y Polígonos con ángulos menores que un ángulo recto? ¿Seguirán los círculos superponiéndose? Explícalo

   _____

   _____

4. **MÁS AL DETALLE** Eva hizo el diagrama de Venn de la derecha. ¿Qué rótulos podría haber usado en el diagrama?

   _____   _____

   _____   _____

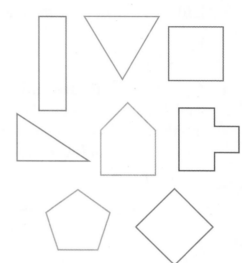

Polígonos con ángulos rectos | Polígonos con todos los lados de la misma longitud

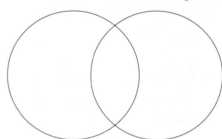

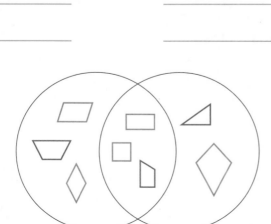

Capítulo 12 • Lección 8 743

© Houghton Mifflin Harcourt Publishing Company

Por tu cuenta

5. Benji y Marta están leyendo el mismo libro. Benji ha leído $\frac{1}{3}$ del libro. Marta ha leído $\frac{1}{4}$ del libro. ¿Quién ha leído más? _____

6. 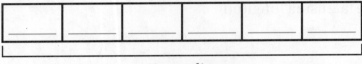 **Representa el problema** Hay 42 estudiantes de 6 clases diferentes en el concurso de ortografía. Cada clase tiene la misma cantidad de estudiantes en el concurso. Usa el modelo de barras para hallar la cantidad de estudiantes de cada clase.

42 estudiantes

_____ ÷ _____ = _____

7. **PIENSA MÁS** Haz y rotula un diagrama de Venn para demostrar un modo de clasificar un rectángulo, un cuadrado, un trapecio y un rombo.

8. Ashley está haciendo un edredón con cuadrados de tela. Hay 9 hileras con 8 cuadrados en cada una. ¿Cuántos cuadrados de tela hay en total?

_____

Entrenador personal en matemáticas

9. **PIENSA MÁS +** Indica en qué parte del diagrama de Venn colocarías estas figuras. △ ▢

Polígonos con todos los lados de la misma longitud

Cuadriláteros con ángulos rectos

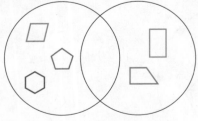

Resolución de problemas •
Clasificar figuras planas

Objetivo de aprendizaje Usarás la estrategia *hacer un diagrama* para clasificar figuras planas, al usar un diagrama de Venn en el que se colocarn figuras que comparten atributos en cada categoría y determinarás cuáles figuras caben en el sector donde se superponen los círculos.

Resuelve los problemas.

1. Steve trazó las figuras de abajo. Escribe la letra de cada figura donde pertenezca en el diagrama de Venn.

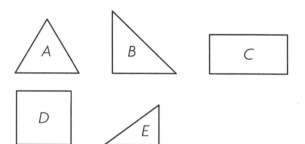

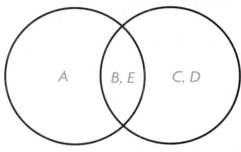

2. Janice trazó las figuras de abajo. Escribe la letra de cada figura donde pertenezca en el diagrama de Venn.

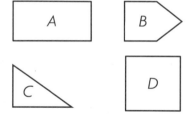

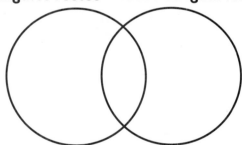

3. **ESCRIBE** ▸*Matemáticas* Dibuja un diagrama de Venn con un círculo rotulado *Cuadriláteros* y el otro círculo rotulado *Polígonos con al menos 1 ángulo recto*. Dibuja al menos dos figuras en cada sección del diagrama. Explica por qué dibujaste las figuras elegidas en la sección que se superpone.

Repaso de la lección

1. ¿Qué figura iría en la sección donde se superponen los dos círculos?

_____

2. ¿Qué figura NO podría ir en el círculo rotulado *Polígonos con todos los lados de igual longitud?*

_____

Cuadriláteros con 4 ángulos rectos | Polígonos con todos los lados de igual longitud

Repaso en espiral

3. ¿Cuántos ángulos mayores que un ángulo recto tiene el triángulo?

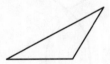

_____

4. ¿Cuántos lados de igual longitud tiene el triángulo?

_____

5. Madison trazó esta figura. ¿Cuántos ángulos menores que un ángulo recto tiene?

_____

6. ¿Cuántos puntos hay en $\frac{1}{2}$ de este grupo?

_____

PRACTICA MÁS CON EL
Entrenador personal
en matemáticas

Relacionar figuras, fracciones y área

Pregunta esencial ¿Cómo puedes dividir figuras en partes con áreas iguales y escribir el área como una fracción unitaria del todo?

Objetivo de aprendizaje Dividirás una figura en partes de áreas iguales y expresarás el área de cada parte como una fracción unitaria del todo.

Investigar

Materiales ▪ patrones de figuras geométricas
▪ lápices de colores ▪ regla

RELACIONA Puedes usar lo que sabes acerca de combinar y separar figuras planas para explorar la relación que hay entre fracciones y área.

A. Dibuja un patrón de hexágono.

B. Divide tu hexágono en dos partes que tengan la misma área.

C. Escribe los nombres de las nuevas figuras. _____

D. Escribe la fracción que indica cada parte del todo que dividiste. _____
Cada parte es $\frac{1}{2}$ del área total de la figura.

E. Escribe la fracción que indica el área total. _____

> **Idea matemática**
>
> Las partes iguales de un todo tienen la misma área.

Sacar conclusiones

1. Explica cómo sabes que las dos figuras tienen la misma área.

_____

_____

2. Predice qué pasaría si dividieras el hexágono en tres figuras con igual área. ¿Qué fracción indicaría el área de cada parte del hexágono dividido? ¿Qué fracción indicaría el área total?

_____

3. **PIENSA MÁS** Muestra cómo dividirías el hexágono en cuatro figuras con la misma área.

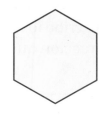

Cada parte es _____ del área total de la figura.

Hacer conexiones

El rectángulo que está a la derecha se divide en cuatro partes que tienen la misma área.

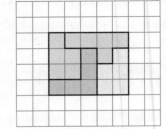

- Escribe la fracción unitaria que indica cada parte del todo dividido. _____

- ¿Cuál es el área de cada parte? _____

- ¿Cuántas partes de $\frac{1}{4}$ se necesitan para formar un todo? _____

- ¿Es la forma de cada una de las partes de $\frac{1}{4}$ igual? _____

- ¿Es el área de cada una de las partes de $\frac{1}{4}$ igual? Explica cómo lo sabes.

_____

_____

Divide la figura en partes iguales.

Dibuja líneas para dividir el rectángulo de abajo en seis partes que tengan la misma área.

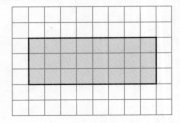

Charla matemática · PRÁCTICAS Y PROCESOS MATEMÁTICOS ③

Aplica ¿Cómo sabes que todas las partes tienen la misma área?

- Escribe la fracción que indica cada parte del todo dividido. _____

- Escribe el área de cada parte. _____

- Cada parte es _____ del área total de la figura.

Comparte y muestra MATH BOARD

1. Divide el trapecio en 3 partes que tengan la misma área. Escribe los nombres de las nuevas figuras. Luego escribe la fracción que indica el área de cada parte del todo.

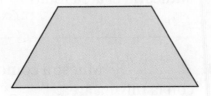

_____

748

Nombre _____

Dibuja líneas para dividir la figura en partes iguales que muestren la fracción dada.

2.

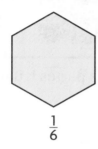

$\frac{1}{6}$

3.

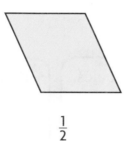

$\frac{1}{2}$

4.

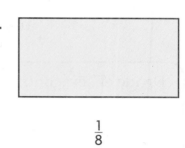

$\frac{1}{8}$

Dibuja rectas para dividir la figura en partes que tengan la misma área. Expresa el área de cada parte como una fracción unitaria.

5.

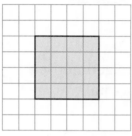

8 partes iguales

_____

6.

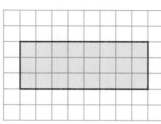

6 partes iguales

_____

7.

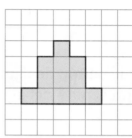

4 partes iguales

Resolución de problemas • Aplicaciones En el mundo

8. **PRÁCTICAS Y PROCESOS MATEMÁTICOS 2** **Usa el razonamiento** Si el área de tres ◇ es igual al área de un ⬡, ¿el área de cuántos ◇ es igual a cuatro ⬡? Explica tu respuesta.

_____

9. **PIENSA MÁS** Divide cada figura entre el número de partes iguales que se muestran. Luego, escribe la fracción que describe cada parte del todo.

2 partes iguales

4 partes iguales

6 partes iguales

_____ _____ _____

© Houghton Mifflin Harcourt Publishing Company

Capítulo 12 • Lección 9   749

10. **PIENSA MÁS** ¿Tiene sentido?

Divide el hexágono en seis partes iguales.

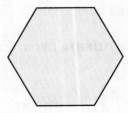

¿Qué patrón de figura geométrica representa $\frac{1}{6}$ del área total?

_____

Divide el trapecio en tres partes iguales.

¿Qué patrón de figura geométrica representa $\frac{1}{3}$ del área total?

_____

Alexis dijo que el área de $\frac{1}{3}$ del trapecio es mayor que el área de $\frac{1}{6}$ del hexágono porque $\frac{1}{3} > \frac{1}{6}$. ¿Tiene sentido su información? Explica tu respuesta.

_____

_____

_____

_____

- Escribe un enunciado que tenga sentido.

_____

_____

- **MÁS AL DETALLE** ¿Qué pasaría si dividieras el hexágono en 3 partes iguales? Escribe un enunciado en el que compares el área de cada parte igual del hexágono con cada parte igual del trapecio.

_____

_____

Relacionar figuras, fracciones y área

Objetivo de aprendizaje Dividirás una figura en partes de áreas iguales y expresarás el área de cada parte como una fracción unitaria del todo.

Traza rectas para dividir la figura en partes iguales que muestren la fracción dada.

1.

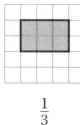

$\frac{1}{3}$

2.

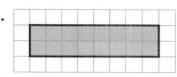

$\frac{1}{8}$

3.

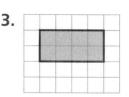

$\frac{1}{2}$

Traza rectas para dividir la figura en partes que tengan la misma área. Expresa el área de cada parte como una fracción unitaria.

4.

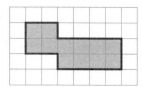

4 partes iguales

_____

5.

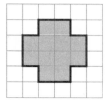

6 partes iguales

_____

6.

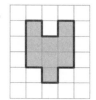

3 partes iguales

_____

Resolución de problemas

7. Robert dividió un hexágono en 3 partes iguales. Muestra cómo pudo haber dividido el hexágono. Escribe la fracción que indique cada parte del todo que dividiste.

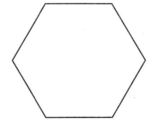

_____

8. **ESCRIBE** ▸*Matemáticas* Dibuja un patrón de bloques. Divídelo en dos partes iguales y escribe una fracción unitaria para describir el área de cada parte. Explica tu trabajo.

_____

Repaso de la lección

1. ¿Qué fracción indica cada parte del todo dividido?

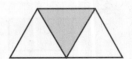

_____

2. ¿Qué fracción indica toda el todo que se dividió?

_____

Repaso en espiral

3. Lil trazó la figura de abajo. ¿Es la figura abierta o cerrada?

_____

4. ¿Cuántos segmentos tiene esta figura?

_____

Usa el diagrama de Venn para resolver los ejercicios 5 y 6.

5. ¿Dónde estaría ubicado un cuadrado en el diagrama de Venn?

_____

_____

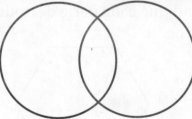

Polígonos con ángulos rectos   **Polígonos con todos los lados de igual longitud**

6. ¿Dónde estaría ubicado un rectángulo en el diagrama de Venn?

_____

_____

PRACTICA MÁS CON EL
Entrenador personal
en matemáticas

Nombre _____

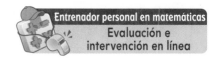

1. ¿Qué palabras describen esta figura? Marca todas las opciones que correspondan.

Ⓐ polígono

Ⓑ figura abierta

Ⓒ pentágono

Ⓓ cuadrilátero

2. Umberto trazó un lado de un cuadrilátero con 4 lados iguales y ningún ángulo recto. Traza los otros 3 lados para completar la figura de Umberto.

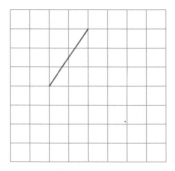

3. Mikael vio una pintura que incluía esta figura.

En los ejercicios 3a a 3d, elige Verdadero o Falso para cada enunciado acerca de la figura.

3a. La figura no tiene   ○ Verdadero   ○ Falso
     ángulos rectos.

3b. La figura tiene 2 ángulos   ○ Verdadero   ○ Falso
     mayores que un ángulo recto.

3c. La figura tiene 2 ángulos   ○ Verdadero   ○ Falso
     rectos.

3d. La figura tiene 1 ángulo   ○ Verdadero   ○ Falso
     mayor que un ángulo recto.

Opciones de evaluación
Prueba del capítulo

4. **MÁS AL DETALLE** Fran usó un diagrama de Venn para clasificar las figuras.

Polígonos con ángulos rectos   Cuadriláteros

Parte A

Dibuja otra figura plana que pertenezca al círculo de la izquierda del diagrama pero NO a la sección donde los círculos se superponen.

Parte B

¿Cómo describirías las figuras de la sección donde los círculos se superponen?

_____

_____

5. Empareja cada objeto de la columna de la izquierda con su nombre en la columna de la derecha.

⟷ •   • punto

•────• •   • recta

•────⟶ •   • semirrecta

•• •   • segmento

6. Describe los ángulos y los lados de este triángulo.

_____

Nombre _____

7. ¿Qué palabras describen esta figura? Marca todas las opciones que correspondan.

rectángulo   rombo   cuadrilátero   cuadrado

   Ⓐ   Ⓑ   Ⓒ   Ⓓ

8. Divide cada figura en la cantidad de partes iguales que se muestran. Luego escribe la fracción que describe cada parte del todo.

3 partes iguales   **6 partes iguales**   **8 partes iguales**

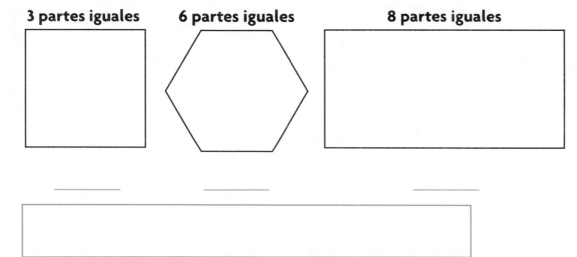

_____   _____   _____

9. Juan dibujó un triángulo con 1 ángulo mayor que un ángulo recto.

En los números 9a a 9d, elige Sí o No para decir si alguno de estos triángulos podría ser el que dibujó Juan.

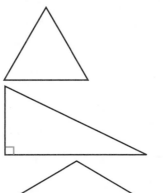

9a.   ○ Sí   ○ No

9b.   ○ Sí   ○ No

9c.   ○ Sí   ○ No

9d.   ○ Sí   ○ No

10. **PIENSA MÁS** Observa estos patrones de figuras geométricas.

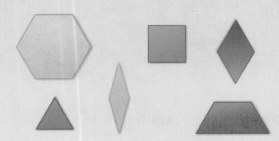

Parte A

Clasifica los patrones de figuras geométricas según sus lados.
¿Cuántos grupos formaste? Explica cómo clasificaste las
figuras.

_____

_____

_____

_____

Parte B

Clasifica los patrones de figuras geométricas según
sus ángulos. ¿Cuántos grupos formaste? Explica cómo
clasificaste las figuras.

_____

_____

_____

_____

11. Teresa trazó un cuadrilátero que tenía 4 lados de igual
longitud y ningún ángulo recto. ¿Qué cuadrilátero trazó?

_____

12. Rhea usó un diagrama de Venn para clasificar figuras. ¿Qué rótulo podría usar para el círculo *A*?

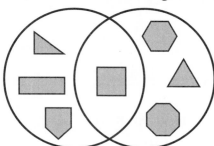

Polígonos con todos los
A   lados de igual longitud

_____

13. Colette dibujó rectas para dividir un rectángulo en partes iguales que representan cada una $\frac{1}{6}$ del área total. Se muestra la primera recta. Dibuja las otras rectas para completar el modelo de Colette.

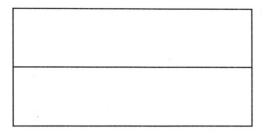

14. Brad trazó un cuadrilátero. Elige los pares de lados que son paralelos. Marca todas las opciones que correspondan.

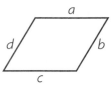

Ⓐ *a* y *b*   Ⓒ *c* y *a*

Ⓑ *b* y *d*   Ⓓ *d* y *c*

15. Indica dos motivos por los que esta figura **no** es un polígono.

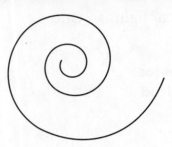

_____

16. El triángulo a la derecha tiene 1 ángulo mayor que un ángulo recto. ¿Qué opción es verdadera con respecto a los otros ángulos? Marca todas las opciones que correspondan.

Ⓐ Por lo menos uno es menor que un ángulo recto.

Ⓑ Uno es un ángulo recto.

Ⓒ Ambos son menores que un ángulo recto.

Ⓓ Uno es mayor que un ángulo recto.

17. Ava trazó un cuadrilátero que tiene 2 pares de lados opuestos paralelos. La figura tiene por lo menos 2 ángulos rectos. Traza la figura que hizo Ava.

18. En los ejercicios 18a a 18d, elige Verdadero o Falso para cada descripción de una semirrecta.

18a.	recta	○ Verdadero	○ Falso
18b.	Tiene 2 extremos.	○ Verdadero	○ Falso
18c.	Es parte de una línea.	○ Verdadero	○ Falso
18d.	Continúa en 1 dirección.	○ Verdadero	○ Falso

En nuestro rincón del espacio

Usar con *Fusión*
páginas 410 a 413.

Desarrollar vocabulario

1. Escribe la definición en tus propias palabras.

sistema solar: _____

_____

_____

planeta: _____

_____

_____

Desarrollar conceptos

2. ¿Qué características usan los astrónomos para clasificar los distintos cuerpos celestes que se encuentran en el sistema solar?

_____

_____

_____

3. Dibuja el Sol y los planetas. Asegúrate de que estén en sus posiciones correctas con relación al Sol.

Práctica matemática

4. Observa la siguiente tabla que indica la distancia de cada planeta al Sol y úsala para contestar las preguntas.

Tierra	150 millones de km	Marte	228 millones de km
Júpiter	778 millones de km	Mercurio	58 millones de km

5. ¿A cuánta más distancia del Sol está Marte que la Tierra?

_____

_____

6. ¿A cuánta más distancia del Sol está Júpiter que Mercurio?

_____

_____

7. Enumera los planetas de la tabla en orden desde el más cercano hasta el más lejano del Sol. ¿Qué planeta de la tabla está más lejos del Sol?

_____

_____

8. Venus está a 50 millones de km de Mercurio. ¿Cuál es la distancia de Venus al Sol?

_____

_____

Resumen

9. Crea una tabla de dos columnas y compara las distintas características de los planetas interiores y exteriores.

Planetas interiores	Planetas exteriores

Comunidades de poblaciones

Usar con *Fusión*
páginas 436 y 437.

Desarrollar vocabulario

1. Escribe la definición en tus propias palabras.

   población: _____

   _____

   _____

   comunidad: _____

   _____

   _____

Desarrollar conceptos

2. Un guardaparques dice que hay cerca de 150 osos grizzli en el Parque nacional Yellowstone. ¿Es esto una población o una comunidad?

   _____

   _____

   _____

3. Cuando bisontes y lobos interactúan unos con otros en el mismo lugar, ¿qué forman?

   _____

   _____

   _____

Práctica matemática

4. Usa los datos de la tabla a la derecha para construir una gráfica de barras.

Poblaciones de animales en una comunidad de Yellowstone

Animal	Población
Lobo gris	35
Oso grizzli	25
Águila calva	10
Ciervo	70

5. ¿Qué animal tiene la mayor población en la comunidad? ¿Cuál tiene la menor?

_____

_____

_____

6. En la comunidad de Yellowstone hay 45 serpientes toro. ¿Cuántas más serpientes toro que lobos grises hay?

_____

_____

_____

Resumen

7. ¿Cuáles son algunas maneras en las que animales y plantas interactúan en una comunidad?

_____

_____

_____

762

Nombre _____

La reflexión y la refracción

Usar con *Fusión*
páginas 184 y 185.

Desarrollar vocabulario

1. Escribe la definición en tus propias palabras.

reflexión: _____

_____

_____

refracción: _____

_____

_____

Desarrollar conceptos

2. Da un ejemplo de un objeto que refracta la luz. ¿Cómo lo hace?

_____

_____

_____

3. ¿Reflejan o refractan la luz los binoculares? ¿Cuál es el resultado de esta reflexión o refracción?

_____

_____

_____

Práctica matemática

4. La tabla siguiente enumera lo alto que parecen ser los objetos cuando Tom los vio con binoculares y sin ellos. Completa la tabla calculando el aumento de cada artículo.

Objeto	Altura sin binoculares	Altura con binoculares	Aumento
Petirrojo	3 pulgadas	9 pulgadas	
Bandera estadounidense	5 pulgadas	25 pulgadas	
Gato	2 pulgadas	6 pulgadas	

5. ¿Qué objeto aparentaba ser el más grande?

_____

_____

_____

6. Susie parecía medir 6 pulgadas de estatura cuando Tom la vio sin binoculares, pero 18 pulgadas con binoculares. ¿Cuántas veces más alta se ve Susie con binoculares que sin binoculares?

_____

_____

_____

Resumen

7. Nombra 4 dispositivos diferentes que dependen de lentes refractoras para funcionar.

_____

_____

_____

Nombre _____

Grandes cambios: fuego, agua, lodo

Usar con *Fusión*
páginas 288 y 289.

Desarrollar vocabulario

1. Escribe la definición en tus propias palabras.

inundación: _____

_____

_____

inundar: _____

_____

_____

Desarrollar conceptos

2. ¿Qué va a ocasionar un pequeño cambio en el agua? ¿Y qué tal un gran cambio?

_____

_____

_____

3. ¿Cuándo puede el fuego ocasionar un pequeño cambio? ¿Cuándo puede causar un gran cambio?

_____

_____

_____

Práctica matemática

4. Cuenta salteado de cinco en cinco para calcular el tiempo que tomaría para que un río se desborde si llueve 5 centímetros por hora y el río necesita 55 centímetros de agua para desbordarse.

_____

_____

_____

5. Escribe una ecuación para el problema anterior.

_____

_____

_____

6. Está lloviendo a la tasa de 5 centímetros cada hora. Escribe una ecuación para cada masa de agua, dada la cantidad de lluvia necesaria para que se desborde el agua. Usa esta ecuación para determinar el tiempo hasta que el agua se desborde.

	Lluvia necesaria para desbordarse	Ecuación	Tiempo (en horas) hasta que el agua se desborde
Río	30 centímetros		
Arroyo	25 centímetros		
Lago	40 centímetros		

Resumen

7. Describe algunas condiciones que pueden llevar a inundaciones y aludes de lodo.

_____

_____

_____

Observar las estrellas

Usar con *Fusión*
páginas 404 y 405.

Desarrollar vocabulario

1. Escribe la definición en tus propias palabras.

telescopio: _____

_____

_____

Desarrollar conceptos

2. ¿Cómo crees que los telescopios ayudan a los científicos a estudiar el espacio?

_____

_____

_____

3. ¿Qué significa *tele-* de telescopio en griego? ¿Cuáles son otras palabras que usan *tele-*?

_____

_____

_____

4. ¿En qué se parecen una lupa y un telescopio? ¿En qué se diferencian?

_____

_____

_____

Práctica matemática

5. Max ve 8 estrellas cada vez que observa el cielo nocturno detrás de su casa. Cuando usa su telescopio, ve 7 veces más estrellas. Escribe una ecuación para la cantidad de estrellas que ve Max a través del telescopio.

_____

_____

6. ¿Cuántas estrellas vería Max si solo viera 4 veces más estrellas?

_____

_____

7. ¿Qué parte del enunciado del problema 5 indica qué operación se debe usar?

_____

_____

8. El amigo de Max ve 6 estrellas sin el telescopio y 5 veces más estrellas con el telescopio. ¿Cuántas estrellas ve con el telescopio?

_____

_____

Resumen

9. Compara cómo se ven las estrellas con tus ojos y a través de un telescopio.

_____

_____

_____

Nombre _____

¡Qué frío hace!

Usar con *Fusión*
páginas 118 y 119.

Desarrollar vocabulario

1. Escribe la definición en tus propias palabras.

congelación: _____

_____

_____

_____

cambio de estado: _____

_____

_____

_____

Desarrollar conceptos

2. ¿Cómo puede el agua en estado líquido convertirse en agua en estado sólido?

_____

_____

_____

_____

3. ¿A qué temperatura cambia el agua de líquida a sólida?

_____

_____

_____

_____

Práctica matemática

4. La temperatura de un charco de agua es 20 °C. Dibuja un termómetro a continuación y sombrea hasta 20 °C.

5. La temperatura del agua en el charco se enfría 2 grados cada hora. ¿A qué temperatura comienza el agua a congelarse?

_____

6. Predice cuánto tardará en congelarse el agua del charco. Usa la división como ayuda para calcular la respuesta.

_____

7. Predice cómo el enfriamiento cambiará el estado del agua si el charco no llega a 0 °C.

_____

_____

8. ¿Cuánto tardará el agua del charco en comenzar a congelarse si la temperatura es 10 °C?

_____

Resumen

9. Regresa a las ilustraciones de la última página de esta actividad. Identifica las causas y los efectos en cada ilustración.

_____

_____

Cambios químicos

Usar con *Fusión*
páginas 134 a 137.

Desarrollar vocabulario

1. Escribe la definición en tus propias palabras.

cambio físico: _____

_____

_____

cambio químico: _____

_____

_____

Desarrollar conceptos

2. ¿Qué tipo de cambio es doblar papel? Explica por qué.

_____

_____

_____

3. Nombra un cambio físico y uno químico que pueden ocurrir al comer una manzana.

_____

_____

_____

4. En la actividad, observa la ilustración del buzón oxidado. ¿Cómo sabes que la oxidación es un cambio químico?

_____

_____

_____

Práctica matemática

5. Max colocó tres tipos de alimento en un plato y anotó cuánto moho vio en cada alimento después de 3 días. Completa la siguiente gráfica de barras rotulando el título y cada eje.

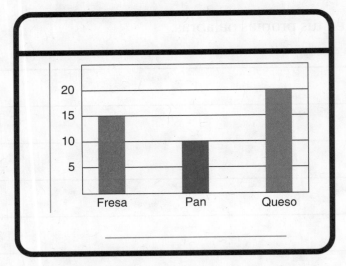

6. ¿Qué tipo de alimento tenía la mayor cantidad de moho al cabo de 3 días? ¿Es esto un cambio físico o un cambio químico?

_____

_____

7. Para una fogata, los exploradores quieren quemar 20 trozos de madera. Si 1 fósforo puede encender 4 trozos de madera, ¿cuántos trozos de madera pueden quemar los exploradores si solo tienen 5 fósforos? ¿Necesitan más fósforos?

_____

_____

8. ¿Es quemar madera un ejemplo de cambio físico o químico?

_____

_____

Resumen

9. Compara un cambio físico con uno químico.

_____

_____

El agua se mueve por todas partes

Usar con *Fusión*
páginas 344 y 345.

Desarrollar vocabulario

1. Escribe la definición en tus propias palabras.

agua salada: _____

_____

_____

_____

agua dulce: _____

_____

_____

_____

Desarrollar conceptos

2. ¿Es el agua dulce un recurso natural? ¿Para qué usan las personas el agua dulce?

_____

_____

_____

3. ¿Cuáles son algunos sitios en la Tierra que contienen agua dulce?

_____

_____

_____

Práctica matemática

4. Completa la tabla siguiente. Escribe la fracción en la columna de la derecha.

Solo 3 de cada 100 litros de agua en la Tierra es agua dulce. ¿Qué fracción del agua de la Tierra es agua dulce?	
Si la Tierra se divide en 10 partes iguales, 7 de ellas estarían cubiertas por agua. ¿Qué fracción de la superficie terrestre es tierra?	

5. Dibuja un círculo y divídelo en 10 partes iguales. Colorea de azul el número de partes del círculo que es igual al número de partes de la Tierra cubiertas por agua. Colorea de verde el número de partes que son tierra.

6. Si la superficie terrestre es $\frac{3}{10}$ tierra, ¿qué nos ayuda a entender esta fracción?

_____

_____

_____

Resumen

7. ¿Es la superficie terrestre tierra o agua en su mayor parte? ¿Es el agua de la Tierra dulce o salada en su mayor parte?

_____

_____

_____

774

Usar una rueda y eje

Desarrollar vocabulario

Usar con *Fusión*
páginas 214 y 215.

1. Escribe la definición en tus propias palabras.

rueda y eje: _____

_____

_____

_____

fulcro: _____

_____

_____

_____

Desarrollar conceptos

2. ¿Qué parte de la rueda y eje es como el fulcro de la palanca?

_____

_____

_____

3. ¿Cuál es un ejemplo concreto de un objeto que usa una rueda y eje?

_____

_____

_____

Práctica matemática

4. Una rueda gira sobre un eje. La flecha de cada círculo muestra la dirección en la cual gira la rueda. La parte sombreada muestra la distancia que gira la rueda. Escribe una fracción debajo de cada círculo para indicar la distancia que giró la rueda.

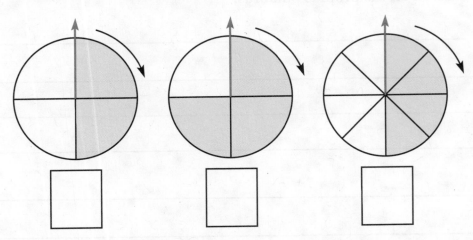

5. Compara las fracciones que calculaste para el círculo de la izquierda con la fracción que calculaste para el círculo a la derecha.

_____

_____

_____

6. ¿Muestra el círculo del medio el mismo entero que el último círculo? ¿Por qué?

_____

_____

_____

Resumen

7. ¿Cómo hace trabajo una rueda y eje? Provee un ejemplo.

_____

_____

_____

Nombre _____

¡Mídelo!

Desarrollar vocabulario

Usar con *Fusión* páginas 20 y 21.

1. Escribe la definición en tus propias palabras.

gramo: _____

_____

_____

_____

cilindro graduado: _____

_____

_____

_____

Desarrollar conceptos

2. Cuando ves una receta, ¿cómo sabes qué cantidad de cada ingrediente agregar?

_____

_____

_____

3. ¿Cuál es una buena herramienta para medir la longitud de tu pupitre en la escuela? ¿Cuáles son algunas unidades de medición que usa esta herramienta?

_____

_____

_____

Práctica matemática

4. Completa la tabla pensando en algo que estás midiendo en la columna izquierda y llenando la información con una buena herramienta para medirlo y una unidad de medición posible que pudieses usar.

Medida	Herramienta usada para medir	Unidad de medición
Tiempo		
Longitud		
Líquido		
Peso		

5. ¿Cuántos milímetros hay en un centímetro? ¿Cuántos centímetros hay en un metro?

_____

_____

_____

6. ¿Cuáles son algunos usos de un cilindro graduado?

_____

_____

_____

Resumen

7. Nombra una herramienta para medir cada uno de los siguientes: longitud, volumen de un líquido, masa.

_____

_____

_____

¿Cuál es el volumen?

Usar con *Fusión*
páginas 98 y 99.

Desarrollar vocabulario

1. Escribe la definición en tus propias palabras.

volumen: _____

_____

_____

_____

centímetro cúbico: _____

_____

_____

_____

Desarrollar conceptos

2. ¿Cómo calcularías el volumen de un libro?

_____

_____

_____

3. Un libro tiene una longitud de 13 cm, un ancho de 12 cm y una altura de 16 cm. ¿Cuál es el volumen del libro?

_____

_____

_____

Práctica matemática

4. Se agrega una concha de mar a un cilindro graduado con un volumen específico de agua. Completa la tabla calculando el volumen de la concha de mar.

	Volumen de agua	Volumen de agua + concha de mar	Volumen de la concha de mar
Concha de mar A	53 mililitros	64 mililitros	
Concha de mar B	32 mililitros	35 mililitros	
Concha de mar C	45 mililitros	70 mililitros	

5. ¿Cómo se llama el proceso cuando se agrega un objeto sólido a un líquido y aumenta el volumen del líquido?

_____

_____

_____

6. Una caja mide 4 cm de largo, 5 cm de ancho y 8 cm de altura. ¿Cuál es el volumen de esa caja?

_____

_____

_____

Resumen

7. ¿Cuáles son algunas maneras de medir el volumen?

_____

_____

_____

Planear y construir

Desarrollar vocabulario

Usar con *Fusión*
páginas 60 y 61.

1. Escribe la definición en tus propias palabras.

prototipo: _____

_____

_____

_____

Desarrollar conceptos

2. Si un equipo de ingenieros planifica construir un puente nuevo, ¿qué los ayudará a saber qué tipo de puente construir?

_____

_____

_____

3. ¿Cuáles son algunos objetos en tu casa que usarían un prototipo cuando se están diseñando o creando?

_____

_____

_____

4. Lee el proceso para diseñar un puente. ¿Cuál es el último paso en el proceso de diseño? ¿Cuál es el propósito de este paso?

_____

_____

_____

_____

Práctica matemática

5. Observa el puente de la ilustración. ¿Qué figuras geométricas observas?

_____

_____

_____

6. ¿Son los ángulos en la parte superior del puente, mayores que o menores que un ángulo recto? ¿Hay algún ángulo recto en el puente?

_____

_____

_____

7. En el siguiente espacio, usa figuras geométricas como triángulos y rectángulos para dibujar un puente. Rotula las figuras y los ángulos de tu diseño.

Resumen

8. ¿Cuál es la idea principal de la actividad de S.T.E.M. de las páginas 60 y 61?

_____

_____

_____

Glosario

A

a. m. A.M. Se usa para indicar una hora entre la medianoche y el mediodía.

ángulo angle Figura formada por dos semirrectas que tienen un extremo común
Ejemplo:

Origen de la palabra

La palabra *ángulo* proviene de la raíz latina *angulus*, que significa "curva pronunciada".

ángulo recto right angle Ángulo que forma una esquina cuadrada
Ejemplo:

área area Medida de la cantidad de cuadrados de una unidad que se necesitan para cubrir una superficie
Ejemplo:

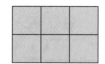

Área = 6 unidades cuadradas

arista edge Segmento que se forma donde se encuentran dos caras

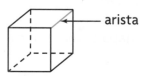

C

capacidad capacity Cantidad que puede contener un recipiente
Ejemplo:
   1 litro = 1,000 mililitros

cara face Polígono que es una superficie plana de un cuerpo geométrico

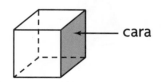

centímetro (cm) centimeter (cm) Unidad del sistema métrico que se usa para medir la longitud o la distancia
Ejemplo:

1 cm

cilindro cylinder Objeto tridimensional que tiene forma de lata
Ejemplo:

círculo **circle** Figura plana, cerrada y redonda
Ejemplo:

clave **key** Parte de un mapa o una gráfica que explica los símbolos

cociente **quotient** Resultado de una división que no incluye el residuo
Ejemplo: 8 ÷ 4 = 2
⌐cociente

comparar **compare** Describir si los números son iguales entre sí o si uno es menor o mayor que el otro

cono **cone** Figura tridimensional que acaba en una punta y tiene una base plana y redonda
Ejemplo:

base

contar salteado **skip count** Patrón de contar hacia adelante o hacia atrás
Ejemplo: 5, 10, 15, 20, 25, 30,...

cuadrado **square** Cuadrilátero que tiene dos pares de lados paralelos, cuatro lados de la misma longitud y cuatro ángulos rectos
Ejemplo:

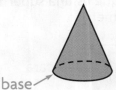

cuadrado de una unidad **unit square** Cuadrado cuya longitud de lado mide 1 unidad y se usa para medir el área

cuadrilátero **quadrilateral** Polígono que tiene cuatro lados y cuatro ángulos
Ejemplo:

cuarto de hora **quarter hour** 15 minutos
Ejemplo: Entre las 4:00 y las 4:15 hay un cuarto de hora.

cuartos **fourths**

Estos son cuartos.

cubo **cube** Figura tridimensional que tiene seis caras cuadradas del mismo tamaño
Ejemplo:

cuerpo geométrico **solid shape** *Ver* figura tridimensional

D

datos **data** Información recopilada sobre personas o cosas

decágono **decagon** Polígono que tiene diez lados y diez ángulos
Ejemplo:

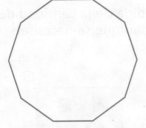

denominador **denominator** Parte de una fracción que está debajo de la línea de fracción y que indica cuántas partes iguales hay en el entero o en el grupo
Ejemplo: $\frac{3}{4}$ ← denominador

diagrama de puntos line plot Gráfica que registra cada uno de los datos en una recta numérica
Ejemplo:

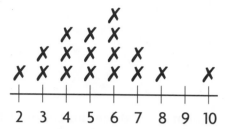

Altura de plántulas de frijoles al centímetro más próximo

diagrama de Venn Venn diagram Diagrama que muestra las relaciones entre conjuntos de cosas
Ejemplo:

Números de 2 dígitos   Números pares

35 17 29   12 10   8 6 4

diferencia difference Resultado de una resta
Ejemplo: 6 − 4 = 2
diferencia

dígitos digits Los símbolos 0, 1, 2, 3, 4, 5, 6, 7, 8 y 9

dividendo dividend Número que se divide en una división
Ejemplo: 35 ÷ 5 = 7
dividendo

dividir divide Separar en grupos iguales; operación inversa de la multiplicación

división division Proceso de repartir una cantidad de objetos para hallar cuántos grupos se pueden formar o cuántos objetos habrá en cada grupo; operación inversa de la multiplicación

divisor divisor Número entre el cuál se divide el dividendo
Ejemplo: 35 ÷ 5 = 7
divisor

dólar dollar Papel moneda que tiene un valor de 100 centavos. Un dólar equivale a 100 monedas de 1¢.
Ejemplo:

ecuación equation Enunciado numérico en el que se usa el signo de la igualdad para mostrar que dos cantidades son iguales
Ejemplos:
3 + 7 = 10
4 − 1 = 3
6 × 7 = 42
8 ÷ 2 = 4

encuesta survey Método de recopilar información

entero whole Todas las partes de una figura o grupo
Ejemplo:

$\frac{2}{2} = 1$

Esto es un entero.

enunciado numérico number sentence Enunciado que incluye números, signos de operaciones y un signo de mayor que, menor que o igual a
Ejemplo: 5 + 3 = 8

equivalente equivalent Dos o más conjuntos que indican la misma cantidad

escala scale Números que están ubicados a una distancia fija entre sí en una gráfica que ayudan a rotular esa gráfica

esfera sphere Figura tridimensional que tiene la forma de una pelota redonda
Ejemplo:

estimación estimate Número cercano a una cantidad exacta

estimar estimate Hallar la cantidad aproximada de algo

experimento experiment Prueba que se realiza para hallar o descubrir algo

extremo endpoint Puntos que se encuentran en los límites de un segmento

factor factor Número que se multiplica por otro para obtener un producto
Ejemplos: $3 \times 8 = 24$
      ↑ ↑
    factor factor

figura abierta open shape Figura que comienza en un punto pero no termina en ese mismo punto
Ejemplos:

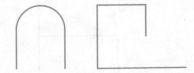

figura bidimensional two-dimensional shape Figura que solamente tiene longitud y ancho
Ejemplo:

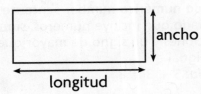

figura cerrada closed shape Figura que comienza en un punto y termina en el mismo punto
Ejemplos:

figura plana plane shape Figura en un plano que está formada por curvas, segmentos o ambos
Ejemplo:

figura tridimensional three-dimensional shape Figura que tiene longitud, ancho y altura
Ejemplo:

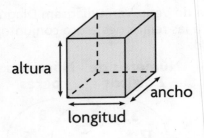

forma desarrollada expanded form Manera de escribir los números de forma que muestren el valor de cada uno de los dígitos
Ejemplo: $721 = 700 + 20 + 1$

forma en palabras word form Manera de escribir los números usando palabras
Ejemplo: La forma en palabras de 212 es doscientos doce.

forma normal standard form Manera de escribir los números con los dígitos del 0 al 9 de forma que cada dígito ocupe un valor posicional
Ejemplo: 345 ← forma normal

fracción fraction Número que indica una parte de un entero o una parte de un grupo
Ejemplos:

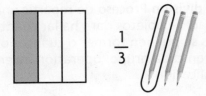

Una **fracción** suele ser una parte de un entero que está roto en trozos. *Fracción* proviene de la palabra latina *frangere*, que significa "romper".

fracción mayor que 1 fraction greater than 1 Fracción cuyo numerador es mayor que su denominador
Ejemplos:

    $\frac{6}{3}$ $\frac{2}{1}$

fracción unitaria unit fraction Fracción que tiene un número 1 como numerador
Ejemplos: $\frac{1}{2}$ $\frac{1}{3}$ $\frac{1}{4}$

fracciones equivalentes equivalent fractions Dos o más fracciones que indican la misma cantidad
Ejemplo:

$$\frac{3}{4} = \frac{6}{8}$$

pictografía picture graph Gráfica en la que se usan dibujos para mostrar y comparar información
Ejemplo:

Cómo vamos a la escuela	
A pie	✺ ✺ ✺
En bicicleta	✺ ✺ ✺ ✺
En autobús	✺ ✺ ✺ ✺ ✺ ✺
En carro	✺ ✺
Clave: Cada ✺ = 10 estudiantes.	

gráfica de barras bar graph Gráfica que muestra datos por medio de barras
Ejemplo:

gráfica de barras horizontales horizontal bar graph Gráfica de barras en la que las barras van de izquierda a derecha
Ejemplo:

gráfica de barras verticales vertical bar graph Gráfica de barras en la que las barras van de abajo hacia arriba

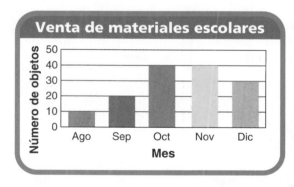

gramo (g) gram (g) Unidad del sistema métrico que se usa para medir la masa; 1 kilogramo = 1,000 gramos

grupos iguales equal groups Grupos que tienen la misma cantidad de objetos

H

hexágono hexagon Polígono que tiene seis lados y seis ángulos
Ejemplos:

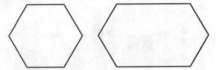

hora (h) hour (hr) Unidad que se usa para medir el tiempo; en una hora, el horario de un reloj analógico se mueve de un número al siguiente; 1 hora = 60 minutos

horario hour hand Manecilla más corta de un reloj analógico

I

igual a (=) equal to Que tiene el mismo valor
Ejemplo: 4 + 4 es igual a 3 + 5.

impar odd Número entero que tiene un 1, 3, 5, 7 ó 9 en el lugar de las unidades

K

kilogramo (kg) kilogram (kg) Unidad del sistema métrico que se usa para medir la masa; 1 kilogramo = 1,000 gramos

L

lado side Segmento recto de un polígono

línea line Trayectoria recta que se extiende infinitamente en direcciones opuestas
Ejemplo:

Origen de la palabra

La palabra *línea* proviene de *lino*, un hilo que se fabrica con las fibras de la planta de lino. En la Antigüedad, se sostenía el hilo tirante para marcar una línea recta entre dos puntos.

línea cronológica time line Dibujo que muestra cuándo y en qué orden se producen los sucesos

líneas paralelas parallel lines Líneas que están en el mismo plano, que no se cortan nunca y que siempre están separadas por la misma distancia
Ejemplo:

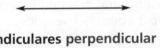

líneas perpendiculares perpendicular lines Líneas que se intersecan y forman ángulos rectos
Ejemplo:

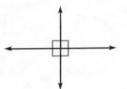

líneas secantes intersecting lines Líneas que se cruzan o se cortan
Ejemplo:

litro (l) liter (L) Unidad del sistema métrico que se usa para medir la capacidad y el volumen de un líquido; 1 litro = 1,000 mililitros

longitud length Medida de la distancia entre dos puntos

masa mass Cantidad de materia que hay en un objeto

matriz array Conjunto de objetos agrupados en hileras y columnas
Ejemplo:

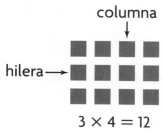

columna

hilera →

$3 \times 4 = 12$

mayor que (>) greater than Símbolo que se usa para comparar dos números cuando el número mayor se da primero
Ejemplo: $6 > 4$ se lee así: "seis es mayor que cuatro".

media hora half hour 30 minutos
Ejemplo: Entre las 4:00 y las 4:30 hay media hora.

medianoche midnight 12:00 de la noche

mediodía noon 12:00 del día

menor que (<) less than Símbolo que se usa para comparar dos números cuando el número menor se da primero
Ejemplo: $3 < 7$ se lee así: "tres es menor que siete".

metro (m) meter (m) Unidad del sistema métrico que se usa para medir la longitud o la distancia; 1 metro = 100 centímetros

mililitro (ml) milliliter (mL) Unidad del sistema métrico que se usa para medir la capacidad y el volumen de un líquido

minutero minute hand Manecilla más larga de un reloj analógico

minuto (min) minute (min) Unidad que se usa para medir cantidades cortas de tiempo; en un minuto, el minutero de un reloj analógico se mueve de una marca a la siguiente

mitades halves

Estas son mitades.

moneda de 5¢ nickel Moneda que tiene un valor equivalente a 5 monedas de 1¢; 5¢
Ejemplo:

moneda de 10¢ dime Moneda que tiene un valor equivalente a 10 monedas de 1¢; 10¢
Ejemplo:

moneda de 25¢ quarter Moneda que tiene un valor equivalente a 25 monedas de 1¢; 25¢
Ejemplo:

moneda de 50¢ half dollar Moneda que tiene un valor equivalente a 50 monedas de 1¢; 50¢
Ejemplo:

multiplicación multiplication Proceso de hallar la cantidad total de objetos que hay en dos o más grupos; operación inversa de la división

multiplicar multiply Combinar grupos iguales para hallar cuántos hay en total; operación inversa de la división

múltiplo multiple Número que es el producto de dos números naturales
Ejemplos:

$$\begin{array}{cccc} 6 & 6 & 6 & 6 \\ \times\,1 & \times\,2 & \times\,3 & \times\,4 \\ \hline 6 & 12 & 18 & 24 \end{array}$$ ← números naturales ← múltiplos de 6

numerador numerator Parte de una fracción que está arriba de la línea de fracción y que indica cuántas partes se cuentan
Ejemplo: $\frac{3}{4}$ ← numerador

número entero whole number Uno de los números 0, 1, 2, 3, 4,… El conjunto de números enteros es infinito

número natural counting number Número entero que se puede usar para contar un conjunto de objetos (1, 2, 3, 4...)

números compatibles compatible numbers Números con los que es fácil hacer cálculos mentales

octágono octagon Polígono que tiene ocho lados y ocho ángulos
Ejemplos:

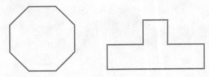

octavos eighths

Estos son octavos.

operaciones inversas inverse operations Operaciones opuestas u operaciones que se cancelan entre sí, como la suma y la resta o la multiplicación y la división

operaciones relacionadas related facts Conjunto de enunciados numéricos relacionados de suma y resta o multiplicación y división
Ejemplos: 4 × 7 = 28   28 ÷ 4 = 7
7 × 4 = 28   28 ÷ 7 = 4

orden order Disposición o ubicación particular de números o cosas, uno después de otro

orden de las operaciones order of operations Conjunto especial de reglas que indican el orden en el que se deben realizar las operaciones

p. m. P.M. Se usa para indicar una hora después del mediodía y antes de la medianoche

par even Número entero que tiene un 0, 2, 4, 6 u 8 en el lugar de las unidades

partes iguales equal parts Partes que tienen exactamente el mismo tamaño

patrón pattern Conjunto ordenado de números u objetos en el que el orden ayuda a predecir el siguiente número u objeto
Ejemplos:
2, 4, 6, 8, 10

pentágono pentagon Polígono que tiene cinco lados y cinco ángulos
Ejemplos:

perímetro **perimeter** Distancia del contorno de una figura
Ejemplo:

pie **foot (ft)** Unidad del sistema usual que se usa para medir la longitud o la distancia; 1 pie = 12 pulgadas

plano **plane** Superficie plana que se extiende infinitamente en todas las direcciones
Ejemplo:

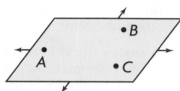

polígono **polygon** Figura plana y cerrada que tiene lados rectos que son segmentos
Ejemplos:

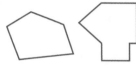

polígonos

no son polígonos

Origen de la palabra

¿Has pensado alguna vez que un ***polígono*** parece estar formado por varias rodillas flexionadas? De allí proviene su nombre. *Poli-* viene de la palabra griega *polys*, que significa "muchos". La terminación *-gono* viene de la palabra griega *gony*, que significa "rodilla".

prisma rectangular **rectangular prism** Figura tridimensional que tiene seis caras que son todas rectángulos
Ejemplo:

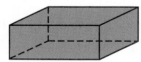

producto **product** Resultado de una multiplicación
Ejemplo: $3 \times 8 = 24$
producto

propiedad asociativa de la multiplicación **Associative Property of Multiplication** Propiedad que dice que cambiar el modo en que se agrupan los factores no cambia el producto
Ejemplo:
$(3 \times 2) \times 4 = 24$
$3 \times (2 \times 4) = 24$

propiedad asociativa de la suma **Associative Property of Addition** Propiedad que dice que cambiar el modo en que se agrupan los sumandos no cambia la suma
Ejemplo:
$4 + (2 + 5) = 11$
$(4 + 2) + 5 = 11$

propiedad conmutativa de la multiplicación **Commutative Property of Multiplication** Propiedad que dice que dos factores se pueden multiplicar en cualquier orden y el producto que se obtiene es el mismo
Ejemplo: $2 \times 4 = 8$
$4 \times 2 = 8$

propiedad conmutativa de la suma **Commutative Property of Addition** Propiedad que dice que dos números se pueden sumar en cualquier orden y la suma que se obtiene es la misma
Ejemplo: $6 + 7 = 13$
$7 + 6 = 13$

propiedad de agrupación de la multiplicación **Grouping Property of Multiplication** *Ver* propiedad asociativa de la multiplicación

propiedad de agrupación de la suma **Grouping Property of Addition** *Ver* propiedad asociativa de la suma

propiedad de identidad de la multiplicación **Identity Property of Multiplication** Propiedad que dice que el producto de cualquier número por 1 es ese número
Ejemplos: $5 \times 1 = 5$
$1 \times 8 = 8$

propiedad de identidad de la suma Identity Property of Addition Propiedad que dice que cuando se suma cero a un número, el resultado es ese número
Ejemplo: $24 + 0 = 24$

propiedad de orden de la multiplicación Order Property of Multiplication *Ver* propiedad conmutativa de la multiplicación

propiedad de orden de la suma Order Property of Addition *Ver* propiedad conmutativa de la suma

propiedad del cero de la multiplicación Zero Property of Multiplication Propiedad que dice que el producto de cero y cualquier número es cero
Ejemplo: $0 \times 6 = 0$

propiedad distributiva Distributive Property Propiedad que dice que multiplicar una suma por un número es lo mismo que multiplicar cada sumando por ese número y después sumar los productos
Ejemplo: $5 \times 8 = 5 \times (4 + 4)$
$5 \times 8 = (5 \times 4) + (5 \times 4)$
$5 \times 8 = 20 + 20$
$5 \times 8 = 40$

pulgada (pulg) inch (in.) Unidad del sistema usual que se usa para medir la longitud o la distancia ; 1 pie = 12 pulgadas

punto point Posición o ubicación exacta

punto decimal decimal point Símbolo que se usa para separar la posición de los dólares de la posición de los centavos
Ejemplo: $4.52
  └── punto decimal

reagrupar regroup Intercambiar cantidades de valores equivalentes para volver a escribir un número
Ejemplo: $5 + 8 = 13$ unidades o 1 decena y 3 unidades

recta numérica number line Recta donde se pueden ubicar números
Ejemplo:

rectángulo rectangle Cuadrilátero que tiene dos pares de lados paralelos, dos pares de lados de la misma longitud y cuatro ángulos rectos
Ejemplo:

redondear round Reemplazar un número por otro que indique una cantidad aproximada

reloj analógico analog clock Herramienta que sirve para medir el tiempo en la cual dos manecillas se mueven alrededor de un círculo para mostrar las horas y los minutos
Ejemplo:

reloj digital digital clock Reloj que muestra la hora en horas y minutos con dígitos
Ejemplo:

residuo remainder Cantidad que sobra cuando un número no se puede dividir en partes iguales

resta subtraction Proceso de hallar cuántos objetos sobran cuando se quita un número de objetos de un grupo; proceso de hallar la diferencia cuando se comparan dos grupos; operación inversa de la suma

resultados results Respuestas de una encuesta

rombo **rhombus** Cuadrilátero que tiene dos pares de lados paralelos y cuatro lados de la misma longitud
Ejemplo:

segmento **line segment** Parte de una línea que incluye dos puntos, llamados extremos, y todos los puntos entre ellos
Ejemplo:

semirrecta **ray** Parte de una línea que tiene un extremo y que continúa infinitamente en una dirección
Ejemplo:

sextos **sixths**

Estos son sextos.

signo de la igualdad (=) **equal sign** Símbolo que se usa para mostrar que dos números tienen el mismo valor
Ejemplo: 384 = 384

símbolo de centavo (¢) **cent sign** Símbolo que significa *centavo*
Ejemplo: 53¢

suma **addition** Proceso de hallar la cantidad total de objetos cuando se unen dos o más grupos de objetos; operación inversa de la resta

suma **sum** Resultado de una suma
Ejemplo: 6 + 4 = 10
⌐— suma

sumando **addend** Cualquiera de los números que se suman en una operación de suma
Ejemplos: 2 + 3 = 5
↑   ↑
sumando   sumando

tabla de conteo **tally table** Tabla en la que se usan marcas de conteo para registrar datos
Ejemplo:

Deporte favorito	
Deporte	**Conteo**
Fútbol	卌 |||
Béisbol	|||
Fútbol americano	卌
Básquetbol	卌	

tabla de frecuencias **frequency table** Tabla en la que se usan números para registrar datos
Ejemplo:

Color favorito	
Color	**Número**
Azul	10
Verde	8
Rojo	7
Amarillo	4

tercios **thirds**

Estos son tercios.

tiempo transcurrido **elapsed time** Tiempo que transcurre desde el comienzo de una actividad hasta su finalización

trapecio trapezoid Cuadrilátero que tiene exactamente un par de lados paralelos
Ejemplo:

triángulo triangle Polígono que tiene tres lados y tres ángulos
Ejemplos:

unidad cuadrada square unit Unidad que se usa para medir el área en pies cuadrados, metros cuadrados, etc.

valor posicional place value Valor de cada uno de los dígitos de un número, según el lugar que ocupa en el número

vértice vertex Punto en el que se encuentran dos semirrectas de un ángulo o dos (o más) segmentos en una figura plana o donde se encuentran tres o más aristas en un cuerpo geométrico
Ejemplos:

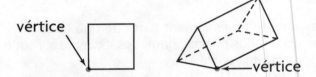

volumen líquido liquid volume Cantidad de líquido que hay en un recipiente

Índice

E

F

G

H

N

© Houghton Mifflin Harcourt Publishing Company

Tabla de medidas

SISTEMA MÉTRICO	SISTEMA USUAL

Longitud

1 centímetro (cm) = 10 milímetros (mm)	
1 decímetro (dm) = 10 centímetros (cm)	1 pie = 12 pulgadas (pulg)
1 metro (m) = 100 centímetros	1 yarda (yd) = 3 pies o 36 pulgadas
1 metro (m) = 10 decímetros	1 milla (mi) = 1,760 yardas o 5,280 pies
1 kilómetro (km) = 1,000 metros	

Capacidad y volumen de un líquido

1 litro (L) = 1,000 mililitros (mL)	1 pinta (pt) = 2 tazas (tz)
	1 cuarto (ct) = 2 pintas
	1 galón (gal) = 4 cuartos

Masa/Peso

1 kilogramo (kg) = 1,000 gramos (g)	1 libra (lb) = 16 onzas (oz)

TIEMPO

1 minuto (min) = 60 segundos (seg)	1 año (a) = 12 meses (m), o unas 52 semanas
1 hora (h) = 60 minutos	1 año = 365 días
1 día = 24 horas	1 año bisiesto = 366 días
1 semana (sem) = 7 días	1 década = 10 años
	1 siglo = 100 años

DINERO

1 moneda de 1¢ = 1 centavo (¢)
1 moneda de 5¢ = 5 centavos
1 moneda de 10¢ = 10 centavos
1 moneda de 25¢ = 25 centavos
1 moneda de 50¢ = 50 centavos
1 dólar ($) = 100 centavos

SIGNOS

< es menor que
> es mayor que
= es igual a